现代学徒制焊接专业实训丛书

机械基础实训项目化教程

主　编　张永茂

副主编　庾勇坚　何炳奇

参　编　于记伟　黄新贺　杨　玲

　　　　张红梅　曹永雄

华南理工大学出版社
SOUTH CHINA UNIVERSITY OF TECHNOLOGY PRESS
·广州·

图书在版编目（CIP）数据

机械基础实训项目化教程/张永茂主编.—广州：华南理工大学出版社，2017.5
（现代学徒制焊接专业实训丛书）
ISBN 978 - 7 - 5623 - 5190 - 0

Ⅰ.①机…　Ⅱ.①张…　Ⅲ.①机械学 - 中等专业学校 - 教材　Ⅳ.①TH11

中国版本图书馆 CIP 数据核字（2017）第 051223 号

机械基础实训项目化教程

张永茂　主编

出　版　人：卢家明

出版发行：华南理工大学出版社

（广州五山华南理工大学 17 号楼，邮编510640）

http：//www. scutpress. com. cn　　E-mail：scutc13@ scut. edu. cn

营销部电话：020 - 87113487　87111048（传真）

策划编辑：毛润政

责任编辑：毛润政

印 刷 者：虎彩印艺股份有限公司

开　　本：787mm×960mm　1/16　印张：15.5　字数：322 千

版　　次：2017 年 5 月第 1 版　2017 年 5 月第 1 次印刷

定　　价：39.00 元

前　言

　　当前我国正处于从制造大国向制造强国过渡的转型时期，为适应新的发展形势，培养应用型人才，突破传统学科教育对学生技术应用能力培养的局限，着力推行现代学徒制的人才培养模式，我们特编写了《机械基础实训项目化教程》。全书内容分为钳工、机械传动和焊接三部分。实训项目以工作过程为主线，以真实的工作任务为载体，着重培养学生的实际动手能力和综合应用能力。

　　钳工技能作为制造业的重要组成部分，其核心内容也是其他加工工种的入门知识。本书中的钳工部分主要介绍了锉削、锯削、钻削等加工方法及基本测量技术，应用学生熟悉的零件（如六角螺母、小手锤、小坦克等）进行加工，采用项目任务教学法，图文并茂，使学生能通过独立的实践操作，将钳工的基本知识、基本方法和实践技能有机地结合起来。

　　亚龙 YL－237 型机械装调考核装置包含了机械传动的大部分原理和实际过程，还融合了机电一体化专业的相关专业知识和基本操作技能，充分体现了现代化技术在实际生产中的应用。本书中机械传动部分主要阐述了机械装调装置的基本组成、工作原理、工作过程以及产品的使用说明和相关的理论知识。学生可以按照要求，结合实物，理解该装置的组成及工作原理，动手完成该装置中各个机构的拆装与调整任务，使学生能在此平台上实现知识的实际应用、技能的综合训练和实践动手能力的客观考核。

　　焊接在工业领域的作用就如同关节在人类骨骼上的作用一样重要，没有关节的骨骼撑不起人类的身体，没有焊接的机器或工具很难发挥其应有的功能。它是制造业的重要加工技术和手段。本书中焊接部分主要是对学生进行焊接技术基本功的培养。在教材内容的呈现形式上，本书尽可能地根据实习步骤要求，使用图片、实物照片和表格等形式，将知识点和注意事项生动地展示出来，力求让学生更为直观地理解和掌握学习要点，尤其是培养学生对熔池的观察、控制焊缝成形的能力。学生可以通过图片示例，分析自己的实习成果，总结学习经验，通过逐步改善自己的焊接操作技巧来提高技能水平。

　　本书由张永茂担任主编，负责全书编写大纲的确定和统稿；庾勇坚、何炳奇担任副主编，协助主编做好全书的统稿工作。其中钳工部分的项目一至十一由于记伟编写，项目十二至十五由黄新贺编写，项目十六至十九由杨玲编写；机械传动部分由张红梅编写；焊接部分由曹永雄编写。

由于编写人员经验有限，书中难免存在疏漏和不足之处，恳请广大教师、专家批评指正，以便我们修改和完善。

编　者

2016 年 10 月

目　　录

第一部分

钳　工

安全文明生产

一、实习场室规章制度

（1）实习时穿戴好劳保用品。

（2）铁屑应使用毛刷清理，不得用嘴吹。

（3）如发现实习设备（如风扇、电器、钻床、砂轮机等）出现故障，应及时报告老师。

（4）使用工、量具要摆放整齐，做到轻拿轻放。

（5）下课后要把工作台、虎钳、地面清扫干净。

（6）实习时学生上下课按时集队，教师记录考勤，并检查仪容、仪表及劳保用品等。

（7）实习时要求不迟到、不早退、不旷课，有事须请假。

（8）不能擅自离岗、换岗、离场，做到有事请示老师。

（9）不能随便使用未学过的工、量具和设备，防止出现事故。

（10）不准吃零食、唱歌、打闹、喧哗、起哄。

（11）不准制作私件、利器和随便开别人的工具箱。

（12）爱护公物，注意环保。

二、实习工具管理制度和请假制度

（1）实习过程中故意损坏工具、量具和设备等，视情节作出赔偿。

（2）学生对工具箱内的工具要自行保管和保养，实习结束后必须做好工具的交接手续，如有遗失按价赔偿。

（3）对偷窃别人的工具和车间工具者直接交学生科处理。

（4）请病假必须有校医证明和班主任批示。

（5）违反制度或迟到、早退、旷课 1 次扣总成绩 2 分。

（6）违反文明生产 1 次扣 2 分。

三、场室整理

按学校 7S 管理要求整理场室，如图 1 - 0 - 1 所示。

（a）整理场室，保持干净整洁

（b）整理讲台，按要求摆放物品

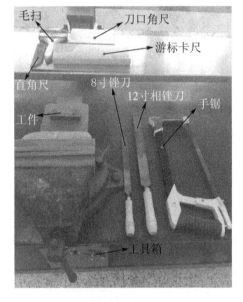

（c）按要求摆放工、量具

（d）按要求摆放清洁工具

图 1-0-1　按学校 7S 管理要求整理场室

项目一 划 线

【学习目标】

掌握划线的基本方法。

一、课前检查

整理队伍；组织考勤；把手机等贵重物品存放到指定位置。

二、工具、量具、材料准备

工具：划线平台，划针。
量具：游标高度尺，直角尺。
材料：A3 钢板 150×100×10（长×宽×厚，mm），如图 1-1-1 所示。

三、实习任务

画两条直线，要求线条清晰，图形正确，如图 1-1-2 所示。
思考：
（1）你能看懂图 1-1-1 和图 1-1-2 吗？
（2）你想到可以用什么方法划线吗？
（3）你知道划线的作用和精度吗？

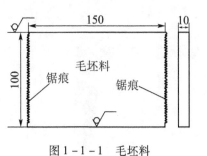

图 1-1-1 毛坯料

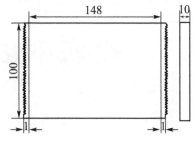

图 1-1-2 成品

四、加油站（相关知识）

（一）钳工概述
1. 钳工的特点

钳工是利用钳工工具、量具、设备，进行零件的制造、生产、装配与调试以及设备的安装和修理等工作的工种。其特点如下：

（1）以手工操作为主，灵活性强，工作范围广，技术要求高，操作者的技能水平直接影响产品质量。

（2）应用于机械加工方法不便或难以解决的场合。

2. 钳工分类与任务

（1）工具钳工——主要从事工具、量具、夹具、辅具、模具等的制作和修理工作。

（2）装配钳工——主要从事零件加工、机械设备的装配调整工作。

（3）机修钳工——主要从事机器设备的安装调试和维修工作。

3. 钳工必须掌握的基本技能

不论何种钳工，首先都要掌握好钳工的各项基本操作技能，其中包括：划线、錾削、锯削、锉削、钻孔、扩孔、锪孔、铰孔、攻螺纹、套螺纹、矫正、弯曲、铆接、刮削、研磨、基本测量、简单的热处理等。

（二）划线的作用

划线是利用画线工具，按图样要求，在毛坯或半成品上划出加工界限，其作用是：

（1）确定工件上各加工面的加工位置和加工余量。

（2）全面检查毛坯的形状和尺寸是否符合图样，能否满足加工要求。

（3）在毛坯料上出现某些缺陷的情况下往往可通过划线时的"借料"方法来达到可能的补救。

（4）在板料上按划线下料，可做到正确排料，合理使用材料。

（三）划线用的基本工具及应用

（1）直角尺——测量角度的工具，如图1-1-3所示。

用途：测量角度、划垂直于平行线的导向工具。

图1-1-3　直角尺

（2）划针——划线的基准工具（参见图1-1-4）。

材料：由$\phi3 \sim \phi6$弹簧钢或高速钢制成，长度$200 \sim 300mm$。

硬度：尖端热处理后达$55 \sim 60$ HRC，尽量提高其硬度和耐磨性。

使用方法：划线时尖端要贴紧导向工具移动，上端向外侧倾斜 15° ～ 20°，向划线方向倾斜 45° ～ 75°，划线时要做到一次划线，不要重复，如图 1 - 1 - 5 所示。

图 1 - 1 - 4　划针

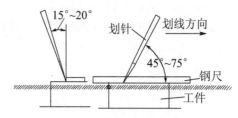

图 1 - 1 - 5　使用划针划线的方法

（3）平板——划线用的工作台。

划线平板可根据需要做成不同的尺寸，将工件和划线工具放在平台上面进行划线。将划线平板的位置放正后，操作者即能在平板四周的任何位置进行划线，如图 1 - 1 - 6 所示。

用途：支撑工件划线（基准）。

材料：铸铁（时效处理）。

制法：精磨或刮削。

使用注意事项：工件表面保持清洁，工件和工具在平板上轻放，不可损伤工作面。用后擦拭干净，涂油防锈。

图 1 - 1 - 6　划线用的工作台

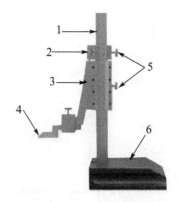

图 1 - 1 - 7　游标高度尺
1—尺身；2—微动装置；3—尺框；
4—测量爪；5—紧固螺钉；6—底座

（4）游标高度尺——准确划线的工具，如图 1 - 1 - 7 所示。

五、实习步骤

（1）检查毛坯料的实际尺寸。

（2）在即将划线位置用粉笔涂色。

（3）以毛坯左边平面为基准，用钢直尺量取 1mm，在此处打样冲作为 A 点，如图 1－1－8 所示。

（4）以毛坯左边平面为基准，量取 1mm，在此处打样冲作为 B 点，如图 1－1－9 所示。

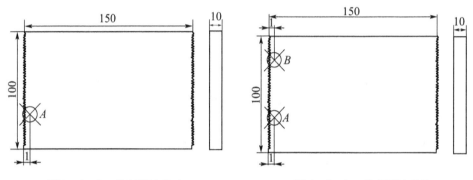

图 1－1－8　确定样冲点 A　　　　　图 1－1－9　确定样冲点 B

（5）画出 A，B 两点所在的直线，如图 1－1－10 所示。

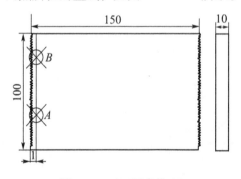

图 1－1－10　画直线 AB

（6）同理，以毛坯右边平面为基准，重复上述操作步骤，画出毛坯右边的直线。

（7）用钢直尺反复检查划线精度是否正确。

六、注意事项

（1）划线前去除毛坯件上的毛刺，方便划线及防止刮伤手指。

（2）划线时工件要放置平稳。

（3）使用量具时要轻拿轻放。

（4）划针使用完毕要及时放回原处，避免伤人。

七、考核评价

序号	项目要求	配分	自测	自评	老师测	老师评
1	涂色	20 分				
2	8 条直线	40 分				
3	(1 ± 0.2) mm	20 分				
4	线条清晰	20 分				
5	安全文明生产	违反一项扣 10 分				
			得分：		得分：	

八、课后作业

（1）划线分＿＿＿＿划线和＿＿＿＿划线两种。只需在工件的＿＿＿＿个表面上划线后，即能明确表示出加工界限的，称为＿＿＿＿划线。

（2）一般划线精度能达到＿＿＿＿ mm。

　　A. 0.025～0.05　　　　B. 0.25～0.5　　　　C. 0.5～1.0

（3）划针的尖端通常磨成＿＿＿＿。

　　A. 10°～12°　　　　B. 12°～15°　　　　C. 15°～20°

（4）划线的作用有哪些？

九、工匠精神励志篇

80 后的 "老" 技工——赵志刚

尽管今年只有 29 岁，可赵志刚已经算得上是一位经验丰富的"老"技工了。

2005 年，高考失利让赵志刚不得不做出新的人生选择，他从老家咸阳来到西安的技校学习数控加工。两年后，自认为学了一身本事的赵志刚满怀信心地奔赴广州。但是，初到广州的赵志刚就受到了现实的无情打击。广州的制造业发达，外资企业很多，而他们采用的设

备和技术也都是最先进的。赵志刚发现自己甚至连一些设备的名字都没听说过，学的技术很多已被淘汰了，找工作连连碰壁。是留在广州学最新的技术，还是回老家找一份自己能干的工作？赵志刚又一次面临着选择。"我要留下来，不能放弃！人做事不能怕难，否则什么都做不成。"赵志刚说。

在广州一家日资企业的经历让他学到了很多东西，那是他第一次接触日本制造和领略工匠精神。他说："其实让我感受最深的不是先进技术，而是那里的工作方式，企业会以培养工匠为目的，用工匠的标准严格要求每一个工人。可以说，工匠精神已经融入了企业的管理和文化中。"

2013年，赵志刚从广州回到老家，进入陕西誉邦科技有限公司工作。这是一家高端技术装备制造企业，主要从事高端医疗设备的零部件生产。刚开始工作，赵志刚得知公司有一个核心配件凸轮轴已经试验了两年还没有成功。他便开始总结经验，反复琢磨，提出了几种解决方案，通过半年时间的努力，他最终造出了配件。在他的带领下，企业的生产团队生产出一系列凸轮轴、线圈尺块等高难度精密仪器，产品远销海外，成为市场主导。

赵志刚喜欢挑战，一有新的产品，他就很兴奋，迫不及待地想拿到图纸研究加工的方法。他说："我觉得各行各业都需要匠心，需要那种追求完美的执著，做一名优秀的工匠也是我的职业追求。我始终告诉自己必须认真、踏实、勤恳，因为成就工匠的路是没有捷径可走的。"

项目二 锉削平面（一）

【学习目标】

（1）了解锉刀的种类、特点。

（2）掌握工件的装夹、锉削姿势。

一、课前检查

整理队伍；组织考勤；把手机等贵重物品存放到指定位置。

二、工具、量具、材料准备

工具：12inch 扁平粗锉刀，8inch 扁平锉刀。

量具：150mm 钢直尺。

材料：A3 钢板 150×100×10（长×宽×厚，mm），如图 1-2-1 所示。

三、实习任务

去除毛坯两端的锯痕，并在左右两端去除 1mm 的材料，加工后的表面比原来的锯痕表面要好（光滑），毛坯料尺寸控制在长 148mm，其余尺寸不变，如图 1-2-2 所示。

思考：

（1）你能看懂图 1-2-1 和图 1-2-2 吗？

（2）你知道什么是锉削以及锉削的特点吗？

（3）你知道锉刀的材料和硬度吗？

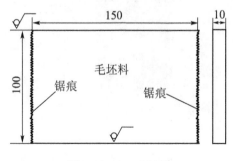

图 1-2-1 毛坯料

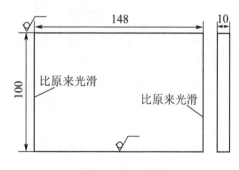

图 1-2-2 成品

四、加油站（相关知识）

在钳工生产过程中，加工的余量不大时可以选用锉刀进行切削加工。

锉削——用锉刀对工件表面进行切削的加工方法。

（一）锉削的特点

（1）一般在锯、錾之后进行的加工。

（2）尺寸精度可达 0.01mm，表面粗糙度可达 Ra 0.8μm。

（3）可加工平面、曲面、外表面、内孔、沟槽和各种复杂表面。

（二）锉刀

（1）材料：由高碳工具钢（T12、T13）或（T12A、T13A）制成。

（2）硬度：经热处理后达 62 ～ 72 HRC。

（3）结构：分锉身、锉柄两部分，如图 1 - 2 - 3 所示。

（三）锉刀的选择

1. 原则

根据工件的表面形状、尺寸精度、材料性质、加工余量以及表面粗糙度等要求来选用锉刀。

2. 应用

（1）粗齿锉——铜、铝等软金属或余量大、精度低、粗糙度值大的工件。

（2）细齿锉——钢、铸铁等硬金属或余量小、精度高、粗糙度值小的工件。

（3）油光锉——用于最后修光工件表面。

（四）工件的装夹

装夹在虎钳的左侧，凸出钳口高度为 20mm 左右，如图 1 - 2 - 4 所示。

五、实习步骤

（1）在台虎钳上合理地安装毛坯料（先加工左边）。

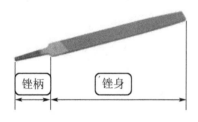

图 1 - 2 - 3　锉刀的结构　　　　图 1 - 2 - 4　使用锉刀时工件的装夹

①逆时针旋转虎钳手柄，松开虎钳钳口；

②把毛坯料放在钳口正中间，加工面要水平向上，并高出虎钳钳口高度约 20mm；

③顺时针旋转虎钳手柄，锁紧虎钳钳口。

（2）按自己的理解去握稳锉刀并进行锉削，把划出的加工余量用锉刀锉至参考线位置。

（3）重复步骤（1）、（2）的操作，加工毛坯料的右边。

（4）用钢直尺检查成品的尺寸，保证成品尺寸（148mm）达到图纸要求。

六、注意事项

（1）装夹毛坯件时，左右手要协调，防止毛坯在装夹过程中掉落造成事故。

（2）毛坯件要夹紧，防止操作时松动。

（3）由于锉刀的握法和站姿还没详细讲解，动作要领可能不规范，锉削加工时一定要注意用力的方法，防止打滑或用力过猛导致受伤。

（4）不要用锉刀去敲打工作台、虎钳、毛坯件等，防止锉刀断裂或飞出而造成安全事故。

七、考核评价

序号	项目要求	配分	自测	自评	老师测	老师评
1	2 个平面	50 分				
2	148 ± 0.2	50 分				
3	安全文明生产	违反一项 扣 10 分				
			得分：		得分：	

八、课后作业

（1）锉削精度可达_____ mm，表面粗糙度可达 Ra _____ μm。

（2）锉刀用_____制成，按用途不同，锉刀可分为_____锉、_____锉和_____锉三类。

（3）钳工锉按其断面形状不同，分为_____锉、_____锉、_____锉、_____锉和_____锉五种。

（4）锉刀由_____材料制成，其硬度达到_____ HRC。

（5）锉刀规格包括锉刀的_____规格和锉纹的_____规格。

九、工匠精神励志篇

在火药上微雕——徐立平

一个极度危险的工作，全中国只有不到 20 个人可以胜任，而这里面最出色的一个就是徐立平。

徐立平从事的火箭固体燃料发动机药面整形，被称为雕刻火药，这项技术在全世界都是一个难题，无法完全用机器代替。下刀的力道完全靠工人自己判断，药面的精度直接决定导弹能否在预定轨道达到精准射程。操作中稍有不慎，蹭出火花，就会引发高能火药瞬间爆炸。

"人家要求 0.5mm 或 0.2mm，我们这一刀铲下去铲不到要求的厚度的话，就可能造成产品报废。"徐立平说。

1989 年，我国某重点型号发动机出现问题，必须剥开填筑好的火药，徐立平主动要求加入突击队，"可以说我们厂有史以来头一次钻到火药堆里去挖药，挖药量极大"。

在装满火药、仅留一名操作人员半躺半跪的发动机壳体里，用木铲、铜铲非常小心地一点点挖药，每次只能挖四五克，高度紧张和缺氧使人每次最多只能干十几分钟，"在里面除了铲药的沙沙声，都能听到自己的心跳声。"徐立平回忆道。

在无比艰难的两个多月里，徐立平和队友们挖出了 300 多千克火药，成功排除了发动机故障，而他由于长时间保持一个姿势，工作结束后双腿几乎无法行走。

项目三　锉削平面（二）

【学习目标】

（1）掌握锉削的正确姿势。

（2）懂得锉削时的用力方法和锉削速度。

一、课前检查

整理队伍；组织考勤；把手机等贵重物品存放到指定位置。

二、工具、量具、材料准备

工具：12inch 扁平粗锉刀，8inch 扁平锉刀。

量具：150mm 钢直尺。

材料：A3 钢板 148×100×10（长×宽×厚，mm），如图 1 - 3 - 1 所示。

三、实习任务

在上次任务的基础上，使用正确的锉削姿势和动作，锉削左右两个表面，使得毛坯料尺寸控制在长 146mm，其余尺寸不变。如图 1 - 3 - 2 所示。

思考：

（1）你能看懂图 1 - 3 - 1 和图 1 - 3 - 2 吗？

（2）你想知道怎么锉削更省力吗？

（3）锉削速度是否越快越好？

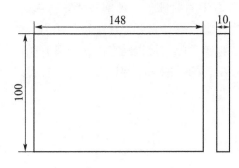

图 1 - 3 - 1　毛坯料

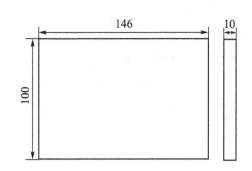

图 1 - 3 - 2　成品

四、加油站（相关知识）

锉削姿势在锉削过程中非常重要，正确的姿势不但省时省力，还能提升产品质量。

（一）握锉姿势

握锉姿势如图1-3-3所示。

右手：锉刀柄端抵在右掌心，拇指紧贴锉刀柄并与锉刀的平面平行一致，其余四指贴近并自然弯曲紧握锉刀柄，右小臂要与锉削方向基本一致。

左手：拇指自然竖起，其余四指自然曲成一个平面，与拇指一起放压在锉刀前端平面上，左手臂自然弯曲。

锉削时右手推动锉刀并决定推动方向，左手协同右手使锉刀保持平衡。

左手　　　　右手

图1-3-3　锉刀握法示意图

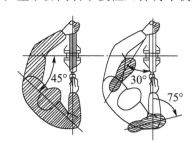

图1-3-4　锉削时的站立步位和姿势示意图

（二）站姿

锉削时的站姿如图1-3-4所示。

锉削时身体站立要自然，重心要落在左脚上，右膝伸直，左膝呈弯曲形状，并随锉刀往复运动而屈伸。左脚与虎钳轴线成30°，右脚成75°，两脚自然分开。

（三）锉姿

锉削姿势如图1-3-5所示。

锉削时，上身向前倾，同时左手加压，右手向前锉，当锉削至3/4行程时，身体停止前进，双臂继续推锉到尽头。同时左脚自然伸直并随锉削反作用力，使身体重心后移恢复原位，顺势将锉刀收回。当锉刀收回接近结束时，上身开始向前倾，做第二次锉前的向前运动。锉削过程中，两手的加压保证锉刀平衡且直线运动，保持身体与动作协调。

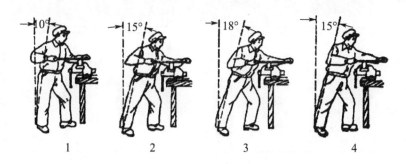

图 1 - 3 - 5 锉削姿势示意图

（四）锉力

锉削动作如图 1 - 3 - 6 所示。

要锉出平直的平面，必须使锉刀保持直线运动，故推锉时右手施加压力要逐渐增加，左手施加压力要逐渐减少，保持锉刀运动平衡；回程时不要施加压力。

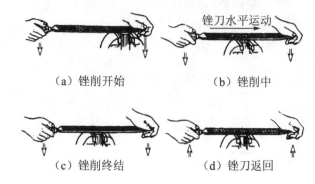

（a）锉削开始 　　（b）锉削中

（c）锉削终结 　　（d）锉刀返回

图 1 - 3 - 6 锉削动作示意图

（五）锉速

锉速一般为每分钟 40 次左右，推锉时稍慢，回程时稍快。

（六）工件装夹

工件装夹不宜过高，以防用力不便并产生震动；装夹力过大或过小会使工件产生变形或松脱；同时要加钳口铁，防止夹坏工件表面。

五、实习步骤

（1）以左侧平面为基准，划线 1mm。

（2）锉削至 1mm 的左参考线处，如图 1 - 3 - 7 所示。

（3）以右侧平面为基准，划线 1mm。

（4）锉削至 1mm 的右参考线处，如图 1 - 3 - 8 所示。

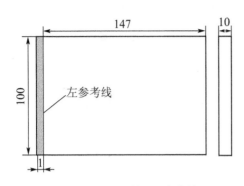
图 1 - 3 - 7　锉削至左参考线

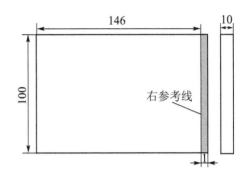
图 1 - 3 - 8　锉削至右参考线

六、注意事项

（1）锉刀柄要安装牢固，不能使用无柄的锉刀进行锉削加工。

（2）锉削时用力不要过猛，避免锉刀打滑造成伤害事故。

（3）毛坯件要夹稳夹牢，防止操作时松动。

七、考核评价

序号	项目要求	配分	自测	自评	老师测	老师评
1	平面平整	40 分				
2	146 ± 0.2	20 分				
3	锉削姿势	20 分				
4	工件装夹	20 分				
5	安全文明生产	违反一项 扣 10 分				
			得分：		得分：	

八、课后作业

（1）新锉刀要先使用一面，（　　）再使用另一面。

　　A. 保养后　　B. 锉削较软材料　　C. 锉削较硬材料　　D. 用钝后

（2）锉削时，应充分使用锉刀的（　　），以提高锉削效率，避免局部磨损。

　　A. 锉齿　　　B. 两个面　　　　C. 有效全长　　　D. 侧面

（3）锉刀放入工具箱时，不可与其他工具堆放，也不可与其他锉刀重叠堆放，以免（　　）。

A. 损坏锉齿　　　B. 变形　　　C. 损坏其他工具　　　D. 不好寻找

（4）锉刀在使用时不可（　　）。

A. 作撬杠用　　B. 作撬杠和手锤用　　C. 作手锤用　　D. 作锯条用

（5）锉削时，身体与台虎钳钳口成（　　）角。

A. 30°　　　　B. 45°　　　　　　C. 60°　　　　D. 75°

九、工匠精神励志篇

从下岗职工到央企骨干——朱文义

朱文义，中车永济电机公司电控分厂模块工段实验班班长，多年的工作经验，造就了朱师傅一副"火眼金睛"。在对机车牵引模块出厂检测时，检测设备示波器上的任何数据变化，都不可能逃过朱师傅的眼睛——哪怕这种变化只有短短的几毫秒，比眨一下眼睛还快。

谁能想到，朱文义这样的中车技术骨干，最高学历却仅仅是中专，并且还曾是一名下岗职工。今年44岁的朱文义，1993年毕业于咸阳市旬邑县技术学校电子电器专业，之后进入咸阳彩虹集团公司，成为一名技术工人。"离开学校时，最舍不下的就是专业方面的书籍。"朱文义说，"从学校到工厂，携带得最多、最重的行李也是专业书籍。"由于技术过硬，又善于钻研，朱文义很快成为彩虹公司的技术骨干。

就在自己满腔热忱要做出一番事业时，他所在的企业却由于市场变化等多种因素，效益越来越差，很多人下岗了，朱文义也在其中。下岗后，朱文义对电子电器的研究却一天也没有放下，并凭借自己过硬的技术，进入了一家铁路电器企业，从事铁路电器的生产、调试和售后服务等工作。

项目四　基准平面锉削

【学习目标】

（1）了解锉削的注意事项。
（2）掌握平面度的检验方法。

一、课前检查

整理队伍；组织考勤；把手机等贵重物品存放到指定位置。

二、工具、量具、材料准备

工具：12inch 扁平粗锉刀，划线工具，刀口直角尺。
量具：150mm 钢直尺。
材料：A3 钢板 146×100×10（长×宽×厚，mm），如图 1-4-1 所示。

三、实习任务

在上次任务的基础上，使用精加工的方法再去除 1mm 的材料，表面要平滑、无锉痕，毛坯料尺寸控制在长 145mm，其余尺寸不变。如图 1-4-2 所示。

思考：

（1）你能看懂图 1-4-1 和图 1-4-2 吗？
（2）你知道图 1-4-2 中的平行四边形符号是什么意思吗？
（3）你知道评定平面合格的标准吗？

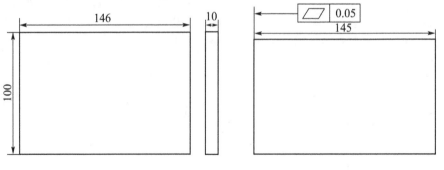

图 1-4-1　毛坯料　　　　　　　　图 1-4-2　成品

四、加油站（相关知识）

（一）平面的锉削方法

1. 横、顺向锉

横锉、顺锉如图 1 - 4 - 3 所示。

（1）横向锉削特点：工件较短，容易锉削，常用于粗锉。

（2）顺向锉削特点：锉纹一致美观，常用于精锉。

2. 交叉锉

交叉锉指从两个交叉的方向对工件表面进行锉削，如图 1 - 4 - 4 所示。

交叉锉的特点：锉刀接触面大，锉刀易平稳，锉刀去除余量大，常用于粗锉。

3. 推锉

推锉指横握锉刀，顺着工件长度进行锉削，常用于锉狭长面，如图 1 - 4 - 5 所示。

推锉的特点：常用于狭长且加工余量小的面。

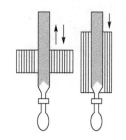 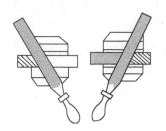 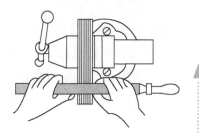

图 1 - 4 - 3　横锉　顺锉　　　　图 1 - 4 - 4　交叉锉　　　　图 1 - 4 - 5　推锉

（二）平面度的检验方法

如图 1 - 4 - 6 所示。

（1）检验方法：透光法。

（2）检验工具：刀口形直尺。

（3）检验方向：纵向、横向、对角线方向，呈"米"字形。

（4）检验效果：透光微弱而均匀。

（5）注意事项：工量具要小心轻放，防止磨损，使用后放回原处。

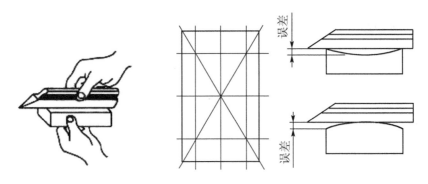

图 1 - 4 - 6　用刀口尺检查平面度示意图

（三）平面度

平面度公差用于限制被测实际平面的形状误差。平面度公差带是距离为公差值 t 的两平行平面之间的区域，如图 1 - 4 - 7 所示。

五、实习步骤

（1）以左侧平面为基准，划线 0.8mm 作为粗加工的参考线，1mm 作为精加工的参考线，如图 1 - 4 - 8 所示。

（2）使用 12inch 板锉对左侧平面横锉进行粗加工。

（3）待锉削至 0.8mm 参考线处，进行精加工。

（4）剩余 0.2mm 使用 12inch 板锉顺向进行精加工。

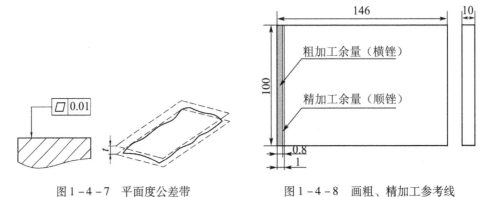

图 1 - 4 - 7　平面度公差带　　　　　　　图 1 - 4 - 8　画粗、精加工参考线

六、注意事项

（1）锉削加工时，一定要注意用力的方法，防止打滑或用力过猛导致受伤。

（2）锉削是钳工的基本操作，正确的姿势必须通过反复练习才能掌握。

（3）初学者会出现各种不正确的姿势，要注意及时纠正。

（4）练习姿势时，主要体会双手的用力如何变化才能使锉刀保持平稳运动。

七、考核评价

序号	项目要求	配 分	自 测	自 评	老师测	老师评
1	平面度 0.05mm	100 分				
2	平面度 0.1mm	85 分				
3	平面度 0.15mm	70 分				
4	平面度 0.2mm	60 分				
3	安全文明生产	违反一项扣 10 分				
			得分：		得分：	

八、课后作业

（1）锉削时，身体（　　）并与之一起向前。

A. 先于锉刀　　B. 后于锉刀　　C. 与锉刀同时　　D. 不动

（2）锉削时，两脚错开站立，左右脚分别与台虎钳中心线成（　　）角。

A. 15°和15°　　B. 15°和30°　　C. 30°和45°　　D. 30°和75°

（3）当锉刀锉至约（　　）行程时，身体停止前进，两臂则继续将锉刀向前锉到头。

A. 1/4　　B. 1/2　　C. 3/4　　D. 4/5

（4）锉削内圆弧面时，锉刀要完成的动作是（　　）。

A. 前进运动和锉刀绕工件圆弧中心的转动

B. 前进运动和随圆弧面向左或向右移动

C. 前进运动和绕锉刀中心线转动

D. 前进运动、随圆弧面向左或向右移动和绕锉刀中心线转动

（5）锉削球面时，锉刀要完成（　　），才能获得要求的球面。

A. 前进运动和锉刀绕工件圆弧中心的转动

B. 直向、横向相结合的运动

C. 前进运动和绕锉刀中心线转动

D. 前进运动

九、工匠精神励志篇

从"富平农民"到"金牌蓝领" ——马小利

12 项国家新型实用技术发明专利拥有者、"工人发明家"、全国五一劳动奖章获得者……只有初中文化水平的马小利,目前已经成为中铁二十一局三公司公认的"金牌蓝领"。

1971 年 2 月出生的马小利是富平县教场村东教人,原来在乡镇的机修厂上班,在工作中积累了丰富经验。

2006 年初,马小利来到四川都汶高速公路龙溪隧道打工。当时,隧道掌子面急需一台风枪开挖台车,因为是高瓦斯隧道,洞内不允许进行电焊作业;如从洞外组装,洞内在进行二衬砌施工,超高超宽的开挖台车无法通过。正在为难之际,精通电气焊的马小利建议将开挖台车的部件设计加工成用螺栓连接,再到掌子面组装。这让业主单位一位搞了40年隧道施工的老专家见了都甚感惊奇。

很快,马小利那种要把"铁砣砣变成绣花针"的钻研劲就引起了公司领导的注意,在公司"练就过硬本领,立足岗位成才"计划的鼓励下,在一年多时间里,他完成了无焊接开挖台车、喷锚混凝土配料机、H 型钢弯曲机、多功能吊装设备等4项实用施工技术的发明。此后,他又根据工程实际情况,接二连三地推出创新发明成果。

马小利的发明创新始终瞄准施工一线,产品研发根据工程需要量身定制,工程上需要什么就研发什么,发明创新极有针对性。他的发明创新,全部来源于自己的灵感和原创。

项目五 基准直角锉削

【学习目标】

（1）了解平面度与垂直度的概念。

（2）掌握平面度、垂直度的检验方法。

一、课前检查

整理队伍；组织考勤；把手机等贵重物品存放到指定位置。

二、工具、量具、材料准备

工具：12inch 扁平粗锉刀、划线工具、刀口直角尺。

量具：150mm 钢直尺。

材料：A3 钢板 145×100×10（长×宽×厚，mm），如图 1-5-1 所示。

三、实习任务

以平面 A 为基准，锉削平面 B，保证 $B \perp A$，如图 1-5-2 所示。

思考：

（1）你能看懂图 1-5-1 和图 1-5-2 吗？

（2）你知道垂直度与平面度的检测方法有什么区别吗？

（3）你知道平面锉不平的原因吗？

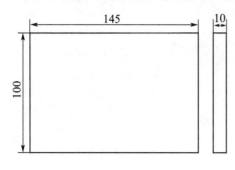

图 1-5-1 毛坯料

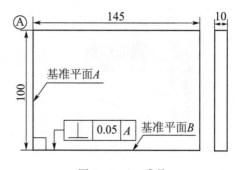

图 1-5-2 成品

四、加油站（相关知识）

（一）垂直度的检验

垂直度的检验与平面度的检验方法相似。

（1）检验方法：透光法。

（2）检验工具：刀口直角尺，如图 1-5-3 所示。

（3）检验方向：纵向、横向、对角线方向，呈"米"字形。

（4）检验效果：透光微弱而均匀。

（5）注意事项：工（量）具要轻拿轻放，防止磨损，使用后放回原处。

（二）锉削平面不平的形状和原因

1. 平面中心凸

（1）锉削时双手的用力不能使锉刀保持平稳。

（2）开始推锉时，右手压力大，左手压力小；推锉到最后时右手压力小，左手压力大；形成前后多锉。

（3）锉削姿势不正确。

2. 对角扭曲或塌角

（1）双手施加压力的重心偏在锉刀的一侧。

（2）工件装夹不正确。

3. 平面横向中凸或中凹

锉削时锉刀左右移动不均匀。

（三）垂直度

垂直度公差用于限制被测要素对基准要素垂直方向的误差。垂直度公差带的形状有两平行平面、两组相互垂直的平行平面和圆柱等。如图 1-5-4 所示为面对面的垂直度公差，其公差带是距离为公差值 t 且垂直于基准面 A 的两平行平面之间的区域。

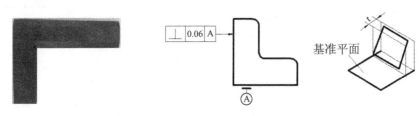

图 1-5-3　刀口直角尺　　　　　　图 1-5-4　面对面垂直度公差带

五、操作步骤

（1）横、顺向粗锉加工 A 面，保证平面度在 0.05mm 以内、Ra 3.2 以下。

（2）以基准面 A 做基准，首先刀口直角尺的测量面要紧贴工件的基准面，然后缓慢向下移动刀口直角尺，使其刃口边轻轻接触工件的被测量面。

（3）基准面 B 与直角尺间隙较大，测量结果有如图 1 – 5 – 5 所示的几种情况（间隙 >0.3 mm 要粗锉）。

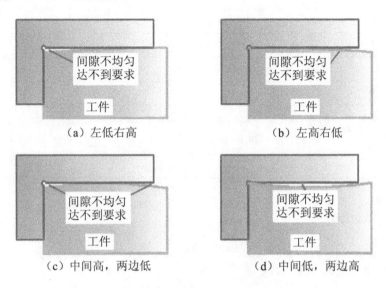

图 1 – 5 – 5　基准面与直角尺间隙的几种情况

（4）锉出第二基准面，完成基准直角，垂直度在 0.05mm 内，测量结果如图 1 – 5 – 6 所示。

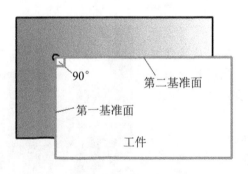

图 1 – 5 – 6　锉削基准直角

六、注意事项

（1）锉削加工时一定要注意用力的方法，防止打滑或用力过猛导致受伤。

（2）装夹毛坯件时，左右手要协调并要拿稳毛坯件，防止毛坯件从空中掉落造成事故。

（3）不要用锉刀去敲打任何东西，防止锉刀断裂或飞出造成安全事故。

七、考核评价

序号	项目要求	配分	自测	自评	老师测	老师评
1	垂直度 0.05mm	100 分				
2	垂直度 0.1mm	85 分				
3	垂直度 0.15mm	70 分				
4	垂直度 0.2mm	60 分				
5	安全文明生产	违反一项 扣 10 分				
			得分：		得分：	

八、课后作业

（1）使用刀口直角尺的注意事项有哪些？

（2）垂直度公差带的形状有哪几种？

九、工匠精神励志篇

用钻头剥开 0.5mm 薄鸡蛋皮——刘恩磊

　　1995 年，刘恩磊从技校毕业来到港口，一直在基层车间从事钳工作业。工作之余，他最大的爱好就是看书。"当时感觉自己知识缺乏，就看机械方面的书，因此我的个人素质和技术技能都得到很大的提升。"刘恩磊总结着自己的过去。虽然秉着员工品牌的称号，但凡有其他工人想请教技术问题，他都毫无保留地一一传授。"就是想让大家都掌握了，才能把工作做到最好。"刘恩磊说。

　　21 年的工作经历中，最让刘恩磊记忆犹新的是参与董家口码头堆取料机的制造。"那是世界上最大的堆取料机，没有任何经验可以让我们参考，要求小平衡梁安装到位后变形量不能大于 1mm，否则做出来的产品就是不合格产品。"从此，每晚只睡四五个小时对于刘恩磊来说是再正常不过的作息时间，经过半个多月的反复设计，研制出了大车行走组合胎具，不仅满足了变形量没超过 1mm 的要求，更将效率提高了 3 倍。

　　另一个让他颇有成就感的杰作就是用钻头给鸡蛋剥皮了。刘恩磊告诉记者，在他们单位，产品质量就是生命线。"举个简单例子，在通常情况下，我们生产一台港口机械需要钻孔、攻丝上万个，如果其中有一个孔出现偏差，就会导致大机装配无法进行，从而严重影响我们的产品质量和生产进度。如何提高钻孔的精度和效率成为我们急待解决的一道难题。"

　　为了能够练好这项基本功，使钻孔、攻丝实现稳、准、精、快，间隙配合达到丝毫不差，刘恩磊想出了一个用钻床钻鸡蛋取皮的练习方法：就是用麻花钻头在厚度仅有0.5mm 的生鸡蛋壳上钻出直径 10mm 的孔，完整取下蛋壳而不破坏蛋清薄膜，"此绝活练的就是钳工钻头的刃磨，手、眼以及气息调整协调一致，通过练心、练气、练眼、练手，追求人机合一的境界。"刘恩磊说，练习的时候一个鸡蛋最多打 10 多个孔，一个孔破了，再用胶布堵死。"整个过程手都要微动着，因为做钳工最重要的是手上要有数，眼要看准，这个掌控好了，其他钻板也没问题了。"

　　在刘恩磊眼里，技术是要不断积累的，从实干中摸索，不怕遇到难事，及时解决它，对自身也是一种提高。"干一行就要爱一行，要不就不干。"刘恩磊说。

项目六　锯条的安装

【学习目标】

（1）正确选用锯条。

（2）掌握手锯的安装方法。

一、课前检查

整理队伍；组织考勤；把手机等贵重物品存放到指定位置。

二、工具、量具、材料准备

工具：划线工具、锯弓、锯条。

量具：150mm 钢直尺。

材料：A3 钢板 145×100×10（长×宽×厚，mm），如图 1-6-1 所示。

三、实习任务

去除毛坯件左端 32mm 的材料，加工后毛坯料尺寸控制在长 113mm，其余尺寸不变，如图 1-6-2 所示。

思考：

（1）你能看懂图 1-6-1 和图 1-6-2 吗？

（2）生活中，你见过分割木料的工具吗？

（3）锯条是怎么分类的？

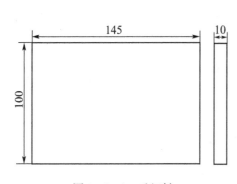

图 1-6-1　毛坯料

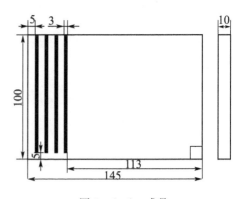

图 1-6-2　成品

四、加油站（相关知识）

锯削——用手锯对材料或工件进行分割或锯槽等加工的方法。

（一）锯削的应用

（1）锯削是一种粗加工，平面度可控制在 0.2mm 以内。

（2）分割材料或半成品。

（3）锯掉工件上的多余部分。

（4）在工件上锯槽。

（二）手锯

1. 组成

手锯由锯弓、锯条组成，如图 1-6-3 所示。

图 1-6-3　手锯

2. 锯弓

（1）用途：安装和张紧锯条。

（2）类型：

① 固定式：只能安装一种长度规格的锯条，如图 1-6-4a 所示；

② 可调式：能安装几种长度规格的锯条，如图 1-6-4b 所示。

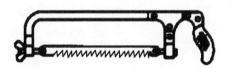
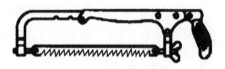

（a）固定式　　　　　　　　　　　　　　（b）可调式

图 1-6-4　锯弓的类型

3. 锯条

（1）用途：直接锯削材料或工件。

（2）规格：以两端安装孔的中心距来表示，常规规格为 300mm。

（3）分类：锯齿的粗细用每 25.4mm 长度内齿的个数来表示。其中，粗齿 14～18 齿、中齿 22～24 齿、细齿 32 齿。

（4）应用：锯齿粗细的选择应根据材料的硬度和厚度来确定。

① 粗齿：适用于锯削软材料和较大表面的材料。

② 细齿：适用于锯削硬材料、管材或薄壁材料。

4. 锯路

（1）定义。

在制造锯条时，所有的锯齿按照一定的规则左右错开，排成一定形状（见图 1-6-5），称为锯路。

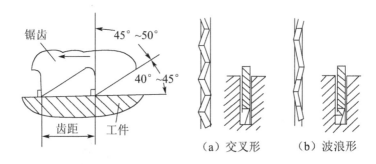

（a）交叉形　　（b）波浪形

图 1-6-5　锯路形状

（2）锯路的作用。

锯路的形成能使锯缝的宽度大于锯条背部的厚度，使得锯条在锯削时不会被锯缝夹住，以减少锯缝与锯条之间的摩擦，减轻锯条的发热与磨损，延长锯条的使用寿命。

（三）工件的夹持

（1）工件夹在台虎钳的左侧。

（2）伸出台虎钳部分不应太长，约 20mm。

（3）锯缝与钳口保持平行。

（4）工件要夹紧，同时避免夹坏工件。

（四）锯条安装要求

（1）齿尖朝前，如图 1-6-6 所示。

正确　　　　　　　　　　　　　　不正确

图 1-6-6　锯条安装示意图

（2）锯弓与锯条在同一中心面内。

（3）松紧适宜，太松或太紧会造成锯条易弯曲、易崩断。

五、实习步骤

（1）组装锯弓。
（2）安装锯条。
（3）判定锯条粗齿、细齿的方法。
（4）工件的正确夹持。

六、注意事项

（1）锯条安装松紧要合适。
（2）锯齿要朝前。
（3）锯条容易断裂，易造成事故，用力要适当。

七、考核评价

序号	项目要求	配分	自测	自评	老师测	老师评
1	锯齿朝前	40 分				
2	松紧合适	30 分				
3	工件装夹	30 分				
4	安全文明生产	违反一项 扣 10 分				
			得分：		得分：	

八、课后作业

（1）手锯在前推时才起切削作用，因此锯条安装时应使齿尖的方向（　　　）。
　　A. 朝后　　　　B. 朝前　　　　C. 朝上　　　　D. 无所谓
（2）锯条安装后，锯条平面与锯弓中心平面（　　　），否则锯缝易歪斜。
　　A. 平行　　　　B. 倾斜　　　　C. 扭曲　　　　D. 无所谓
（3）调整锯条松紧时，翼形螺母旋得太紧，锯条（　　　）。
　　A. 易折断　　　B. 不会折断　　C. 锯削省力　　D. 锯削费力
（4）调整锯条松紧时，翼形螺母旋得太松，锯条（　　　）。
　　A. 锯削省力　　B. 锯削费力　　C. 不会折断　　D. 易折断
（5）锯削是一种＿＿＿＿＿加工，平面度一般可控制在＿＿＿＿ mm 左右。
（6）锯条的长度规格是以＿＿＿＿来表示，常用的锯条长度为＿＿＿＿ mm。

九、工匠精神励志篇

高铁研磨师——宁允展

宁允展，男，1972年3月出生，中共党员，南车青岛四方机车车辆股份有限公司车辆钳工高级技师，中国南车技能专家，被誉为高铁首席研磨师。

从1991年进入公司以来，他立足本职岗位，刻苦钻研、爱岗敬业，用自己精湛的操作技能和高度的责任心，攻克了动车组转向架多道制造难题，他所制造的产品创造了10余年无次品的纪录，为高铁列车的顺利生产做出了突出贡献。

宁允展坚守一线默默奉献。作为车间里高铁研磨的第一把手，他当上了研磨班的班长。但几年后，他主动找到领导说不当班长了，要在一线一心一意搞技术。宁允展说："我不是完人，但我的产品一定是完美的。做到这一点，需要一辈子踏踏实实做手艺。"

为了练手艺，他甚至自己购置了家用车床和电焊机等操作设备，将家中院子改造成工厂，以方便把想法变成实物。通过刻苦钻研、不断创新，宁允展练就了很强的工装工具设计制作能力。

平凡铸就伟大。多年来他发明制作了多套工装工具，多项技术革新获得公司表彰。制作动车组、地铁排风消音器，提升构架加工内腔铁屑一次性清除率获公司QC攻关课题一等奖；制作动车攻丝引头工装和地铁差压阀组焊工装，获公司技术革新二等奖；制作制动夹钳开口销开劈工具和动车组刻打样冲组合工装与划线找正工装，获公司技术革新三等奖……其中两项获得国家专利。这些发明在生产中发挥了极大效用，成了许多班组离不开的好帮手，每年能为公司创效近100万元。

项目七 锯削板料

【 学习目标 】

（1）掌握起锯方法。

（2）掌握锯削的姿势。

一、课前检查

整理队伍；组织考勤；把手机等贵重物品存放到指定位置。

二、工具、量具、材料准备

工具：划线工具、手锯、锯条。

量具：150mm 钢直尺。

材料：A3 钢板 145×100×10（长×宽×厚，mm），如图 1-7-1 所示。

三、实习任务

去除毛坯件左端的 32mm 的材料，加工后毛坯料尺寸控制在长 113mm，其余尺寸不变，如图 1-7-2 所示。

思考：

（1）你能看懂图 1-7-1 和图 1-7-2 吗?

（2）你知道怎么锯削更省时省力吗?

（3）锯削精度怎么控制?

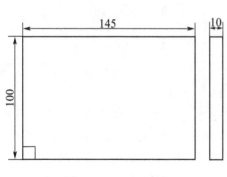

图 1-7-1 毛坯料

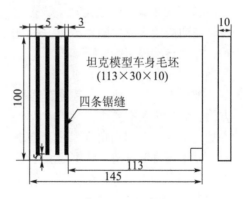

图 1-7-2 成品

四、加油站（相关知识）

（一）手锯握法

右手满握锯柄，左手轻扶锯弓前端，如图 1 - 7 - 3 所示。

（二）锯姿

站立姿势与锉削基本相似，摆动要自然，如图 1 - 7 - 4 所示。

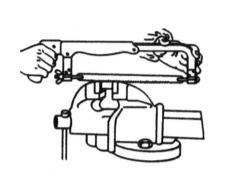 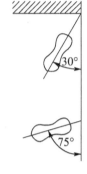 

图 1 - 7 - 3　手锯握法示意图　　　　图 1 - 7 - 4　锯削站立和步位示意图

（三）压力

锯削时的推力和压力由右手控制，左手主要配合右手扶正锯弓，压力不要过大。推锯时为切削行程，应施加压力；回锯时不切削，不加压力作自然拉回。

（四）锯削行程与速度

（1）起锯的行程短，正常锯削行程约为锯条长度的 2/3。

（2）速度：40 次/min。

（五）锯削时的运动方式

（1）直线式：对锯缝底面要求平直的锯削，必须采用直线运动。

（2）摇摆式：锯削运动一般采用小幅度的上下摆动式运动。即手锯推动时身体略向前倾，双手随着压向手锯的同时，左手上翘，右手下压；回程时右手上抬，左手自然跟回。

（六）起锯方法

如图 1 - 7 - 5 所示，起锯有远起锯和近起锯两种方法。无论采用哪一种起锯方法，起锯角度都要小一些，一般不大于 15°。如果起锯角度太大，锯齿易被工件棱边卡住；但起锯角度太小，会由于同时与工件接触的齿数多而不易切入材料，锯条还可能打滑，使锯缝发生偏离，工件表面被拉出多道锯痕而影响表面质量。起锯时压力要轻，为了使起锯平稳、位置准确，可用左手大拇指确定锯条位置。

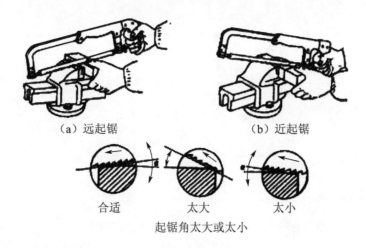

（a）远起锯 （b）近起锯

合适 太大 太小

起锯角太大或太小

图 1-7-5 起锯方法

五、实习步骤

（1）以左侧平面为基准，划 5mm，8mm 线作为锯路走势的参考线。

（2）正确起锯。

（3）沿着锯路锯削，每锯 8 次检查工件前后是否偏离参考线，以便及时纠正。

（4）锯削至剩余 5mm 时停止锯削，并让老师检查。

（5）重复步骤（1）～（4），完成本次实训任务。

六、注意事项

（1）划线前去除毛坯件上的毛刺，以方便划线及防止刮伤手指。

（2）装夹毛坯件时，左右手要协调并拿稳毛坯件，防止毛坯件从空中掉落造成事故。

（3）毛坯件要夹稳夹牢，防止操作时松动。

七、考核评价

序号	项目要求	配分	自测	自评	老师测	老师评
1	3mm 以内	100 分				
2	超界限 0.5mm	90 分				
3	超界限 1mm	80 分				
4	超界限 1.5mm	70 分				

续上表

序号	项目要求	配分	自测	自评	老师测	老师评
5	超界限2mm	60 分				
6	安全文明生产	违反一项扣 10 分				
			得分：		得分：	

八、课后作业

（1）起锯时手锯行程要短，压力要（　　），速度要慢。

    A. 小　　　　　B. 大　　　　　C. 极大　　　　　D. 无所谓

（2）起锯时，为避免锯条卡住或崩裂，起锯角一般不大于（　　）。

    A. 5°　　　　　B. 10°　　　　　C. 15°　　　　　D. 20°

（3）深缝锯削时，当锯缝的深度超过锯弓的高度时，应将锯条（　　）。

    A. 从开始连续锯到结束　　　　B. 转过90°重新装夹

    C. 装得松一些　　　　　　　　D. 装得紧一些

（4）锯削运动一般采用（　　）的上下摆动式运动。

    A. 大幅度　　B. 较大幅度　　C. 小幅度　　D. 较小幅度

（5）起锯有_____和_____两种，为避免锯条卡住或崩裂，一般尽量采用_____。

（6）锯削速度不能过快，一般应为（　　）合适。

    A. 20 次/min　　　B. 40 次/min　　　C. 60 次/min　　　D. 80 次/min

九、工匠精神励志篇

用榔头和飞机对话的人——李世峰

一架战机的机身，有40%到70%的零件出自他们的手。一把榔头，为新型国产战机打造身躯。在"93阅兵"的空中方队中，5型参阅飞机上安装了中航工业西安飞机工业（集团）有限公司（简称"西飞"）的钣金工李世峰和他的团队亲手制造的机身零件。

走进李世峰所在的车间，一张张金属板和一声声叮叮当当的敲击声，让人很难把它和驰骋蓝天的战鹰联系在一起，但是歼轰7A以及轰6K等国产战机机身的大部分零件，都是在这里生产的。由于机身零件形状特殊，且很多都是独一无二的定制款，手工打造最精密的零件便成了世界通行的操作方式。

李世峰的父亲就是一位老航空，如今，李世峰一家 10 口人都在航空行业工作，成了真正的航空世家。可是在 10 多年前，这个航空世家险些被李世峰打破。上海一家汽车生产企业通过朋友介绍，以 4 倍的高薪试图将他挖走。刚过而立之年的李世峰心动了，但他最终没有离开。

在李世峰的车间里有这样一段话："祖国终将选择那些忠诚于祖国的人，祖国终将记住那些奉献于祖国的人。"李世峰说，这些年的坚守是一份责任，更是一种情怀。

李世峰的妻子也在西飞工作，两口子一个造战机，一个维护战机，他俩经常开玩笑说，战机就是他们的孩子。李世峰管生，妻子管养。

"93 阅兵"那天，李世峰和爱人早早地就守在了电视机前。当轰 6K 方队飞过天安门广场时，李世峰和妻子眼睛湿润了。李世峰说，这种激动自豪的心情无法形容，所有的苦和累都是值得的。

28 年，李世峰用手中的榔头敲打出几百架守卫边疆的战鹰，在坚持和坚守中诠释着工匠精神。在他看来，工匠精神就是对极致和美永不停息的追求和努力，100 分的题就是做到 99.9 也不能交卷。真正的高手不是在比武中拿名次，而是永远在追求极致、突破极限的路上。只要用心和努力，每个人都可能成为真正的高手。

项目八　坦克模型车身开料

【学习目标】

（1）基准符号的标注。

（2）表面结构的图样表示法。

一、课前检查

整理队伍；组织考勤；把手机等贵重物品存放到指定位置。

二、工具、量具、材料准备

工具：12inch 扁平粗锉刀、8inch 扁平锉刀、6 寸扁平锉刀、10 件套集锦锉，划针。

量具：150mm 钢直尺。

材料：A3 钢板 113×100×10（长×宽×厚，mm），如图 1-8-1 所示。

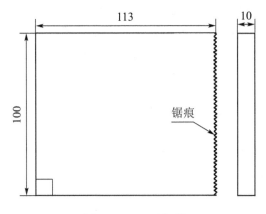

图 1-8-1　毛坯料

三、实习任务

按照坦克模型图和车身图纸（图 1-8-2、图 1-8-3）要求，在所给的毛坯料中为坦克车身开一件毛坯料。开料尺寸：长 ≥108mm，宽 ≥71mm，其他不变，如图 1-8-4 所示。

思考：

（1）你能看懂图1-8-1和图1-8-4吗？

（2）你知道基准要素符号怎么标注吗？

（3）你知道用去除材料的方法获得的表面怎么标注吗？

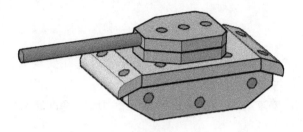

图1-8-2 坦克模型车身

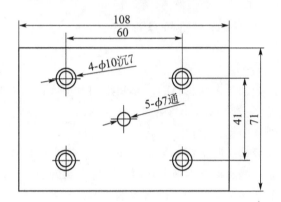

图1-8-3 坦克车身

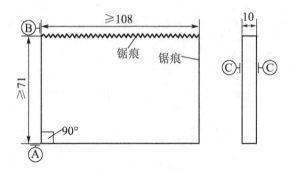

图1-8-4 成品

四、加油站（相关知识）

（一）基准要素

（1）符号，如图1-8-5所示。

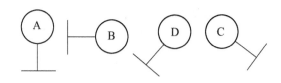

图 1 - 8 - 5 符号

（2）当基准要素为素线或表面时，基准符号标在要素的轮廓线或其延长线上，应明显地与尺寸线错开。

（3）当基准要素为轴线、球心或中心平面时，基准符号与尺寸线的延长线重合，即与尺寸线对齐。

（4）基准字母采用大写的英文字母，为避免引起误会，字母 E，F，I，J，M，L，O，P，R 不用。

（5）基准标注中，无论基准符号的方向如何，基准字母都必须水平方向书写。

（二）表面粗糙度

表面粗糙度是指加工表面具有的较小间距和微小峰谷的不平度。其两波峰或两波谷之间的距离（波距）很小（在 1mm 以下），属于微观几何形状误差。表面粗糙度越小，则表面越光滑。

表面粗糙度一般是由所采用的加工方法和其他因素所形成的，例如加工过程中刀具与零件表面间的摩擦、切屑分离时表面层金属的塑性变形以及工艺系统中的高频振动等。由于加工方法和工件材料的不同，被加工表面留下痕迹的深浅、疏密、形状和纹理都有差别。

表面粗糙度与机械零件的配合性质、耐磨性、疲劳强度、接触刚度、振动和噪声等有密切关系，对机械产品的使用寿命和可靠性有重要影响。一般标注采用 Ra。

国标规定的图形符号及含义见表 1 - 8 - 1。

表 1 - 8 - 1　国标规定的图形符号及含义

符号名称	符　号	含　义
基本图形符号	√	用任何方法获得的表面
扩展图形符号	√	用去除材料的方法获得的表面
	√	用不去除材料的方法获得的表面

续上表

符号名称	符号	含义
完整图形符号	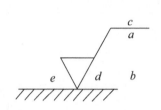	横线上用于标注有关参数和说明
		表示所有表面具有相同的表面粗糙度要求

符号中有关规定注写位置:

位置*a*:注写表面结构的单一要求

位置*a*和*b*:

   *a*注写第一表面结构要求

   *b*注写第二表面结构要求

位置*c*: 注写加工方法

位置*d*: 注写表面纹理方向

位置*e*: 注写加工余量

五、实习步骤

（1）检查毛坯尺寸是否可以加工零件图（长≥108mm，宽≥71mm，厚 = 10mm）。

（2）调整游标高度尺至71mm。

（3）以平面 *B* 为基准，划线71mm。

（4）沿着锯路锯削，毛坯被分成上下两部分，上部分保管好加工挡板，下部分做车身，如图1 - 8 - 6所示。

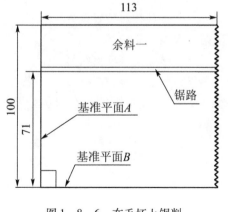

图1 - 8 - 6 在毛坯上锯削

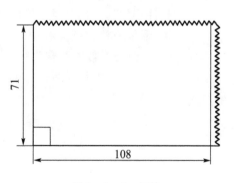

图1 - 8 - 7 划线

（5）再以平面 A 为基准，划线 108mm，如图 1-8-7 所示。

（6）沿着锯路锯削，右侧部分即为所需车身毛坯。

六、注意事项

（1）要经常检测尺寸，防止加工过多余量导致尺寸错误而造成废件。

（2）加工时多检测，一般是先检测垂直度再检测平面度，从而选择要加工的位置。

（3）注意加工安全，手要稳，用力要平衡，工件要倒角，以防止打滑而刮伤手。

七、考核评价

序号	项目要求	配分	自测	自评	老师测	老师评
1	长度≥108mm	50 分				
2	宽度≥71mm	50 分				
3	安全文明生产	违反一项扣 10 分				
			得分：		得分：	

八、课后作业

（1）轮廓算数平均偏差代号用（　　　）表示。

    A. Ry   B. Ra   C. Rz

（2）表面结构反映的是零件被加工表面上的（　　　）。

    A. 宏观几何形状误差   B. 微观几何形状误差

    C. 宏观相对位置误差   D. 微观相对位置误差

（3）标注形位公差代号时，形位公差框格左起第一格应填写（　　　）。

    A. 形位公差项目名称   B. 形位公差项目符号

    C. 形位公差数值及有关符号   D. 基准代号

（4）标注形位公差代号时，形位公差数值及有关符号应填写在形位公差框格左起（　　　）。

    A. 第一格   B. 第二格   C. 第三格   D. 任意

九、工匠精神励志篇

为导弹铸造 "外衣" ——毛腊生

导弹和砂子，二者风马牛不相及，然而，有这样一位技工，他的工作是铸造导弹的舱体，但是他却和砂子打了一辈子的交道。这位给导弹铸造衣服的人，就是中国航天科工首席技师——毛腊生。

铸造，俗称"翻砂"，是一门传统的工艺。砂型铸造，由于成本低、生产周期短，是目前应用最广泛的一种铸造方法，在全球的铸件生产中，70%的铸件是用砂型生产的。将调配好的砂子做成铸件的形状，之后浇灌金属熔液，冷却后打开铸型就可以得到最终的铸件。在这个过程中，配制砂子是至关重要的一道工序，它的质量最终决定铸件的成败。毛腊生干这行已经39年了，和砂子打了一辈子交道，不管什么样的砂子，他抓一把就知道好坏。

2006年，毛腊生所在的工厂与中南大学合作，为国家某重点型号导弹共同开发舱体。在实验室试验成功的技术，到了实际操作中却出现了问题，试验了20多次全部失败。就在大家都一筹莫展的时候，有人提出让毛腊生来试一试。带着干粮和一节废件，毛腊生住进了实验室。当时大家都在怀疑，专家、教授都解决不了的问题，一个普通工人能行么？两天两夜过去，当毛腊生红着眼睛走出来的时候，大家知道，问题终于解决了。

39年来，毛腊生只做了一件事——读懂砂子，铸好导弹。

在一些人看来，这是个老实人；在另一些人看来，这个人木讷。然而，当你为国之利器喝彩时，当你为祖国强大欢呼时，你可曾知道，支撑这强大国防的力量，正是千千万万如毛腊生一样的普通工人。

项目九　坦克模型炮塔开料

【学习目标】

（1）了解粗加工与精加工的区别。

（2）掌握公差的基本术语。

一、课前检查

整理队伍；组织考勤；把手机等贵重物品存放到指定位置。

二、工具、量具、材料准备

工具：划线工具、锉刀、手锯、锯条。

量具：150mm 钢直尺。

材料：A3 钢板 $145 \times 100 \times 10$（长×宽×厚，mm），如图 1 – 9 – 1 所示。

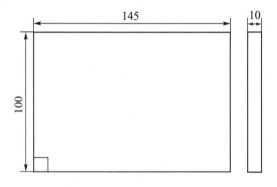

图 1 – 9 – 1　毛坯料

三、实习任务

按照坦克模型图和炮塔图纸（图 1 – 9 – 2、图 1 – 9 – 3）要求，在所给的毛坯料中为坦克炮塔开两件毛坯料。开料尺寸：长≥70mm，宽≥50mm，其余尺寸不变，如图1 – 9 –4所示。

思考：

（1）你能看懂图 1 – 9 – 1 和图 1 – 9 – 4 吗？

（2）你知道 60 ± 0.1 是什么意思吗？

（3）怎么在图1-9-1中划线既能节约材料，又能保证两件炮塔尺寸？

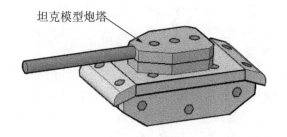

图1-9-2 坦克模型炮塔

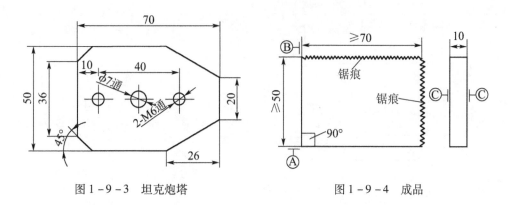

图1-9-3 坦克炮塔　　　　　　　　　　图1-9-4 成品

四、加油站（相关知识）

（一）粗精加工的区别

粗加工是以快速切除毛坯余量为目的，在粗加工时应选用大的锉削力，以便在较短的时间内切除尽可能多的切屑，粗加工对表面质量的要求不高。

精加工主要是保证表面结构和控制尺寸精度。

（二）公差的基本术语

公差的基本术语见表1-9-1。

表1-9-1　公差的基本术语

术　语	对称公差	非对称公差
尺寸	60 ± 0.1	$50^{+0.1}_{-0.2}$
基本尺寸	60	50
公差	$\lvert 0.1-(-0.1) \rvert = 0.2$	$\lvert 0.1-(-0.2) \rvert = 0.3$
上偏差	$+0.1$	$+0.1$
下偏差	-0.1	-0.2
最大极限尺寸	60.1	50.1
最小极限尺寸	59.9	49.8

（三）直线度

直线度公差用于限制平面内或空间直线的形状误差。

（1）给定平面内的直线度。在给定平面内，直线度公差带是距离为直线度公差值 t 的两平行直线之间的区域，如图 1 - 9 - 5a 所示。

（2）给定方向上的直线度。在给定方向上，直线度公差带是距离为直线度公差值 t 的两平行平面之间的区域，如图 1 - 9 - 5b 所示。

（3）任意方向上的直线度。在任意方向上，直线度公差带是直径为直线度公差值 t 的圆柱内的区域，如图 1 - 9 - 5c 所示。

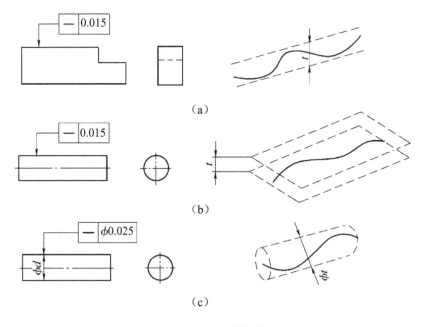

（a）

（b）

（c）

图 1 - 9 - 5　直线度

五、实习步骤

（1）锉削基准平面 A，如图 1 - 9 - 6 所示。

（2）锉削 4 个基准直角，如图 1 - 9 - 7 所示。

（3）以平面 B 为基准，划线 50mm，53mm。

（4）沿着锯路锯削，毛坯被分成上下两部分，上部分保存好做履带毛坯，下部分做炮塔，如图 1 - 9 - 8 所示。

（5）以平面 A 为基准，划线 70mm，73mm。

（6）沿着锯路锯削，毛坯被分成左右两部分，分别作为炮塔的两件毛坯，如图 1 - 9 - 9 所示。

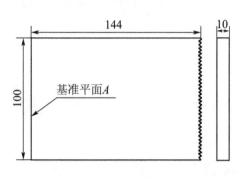

图 1 - 9 - 6　锉削基准平面

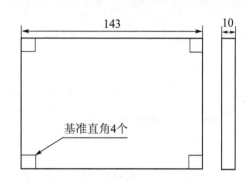

图 1 - 9 - 7　锉削 4 个基准直角

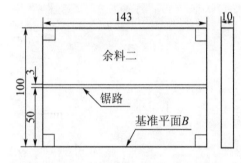

图 1 - 9 - 8　毛坯被分成上下两部分

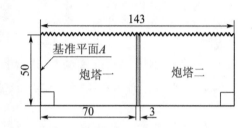

图 1 - 9 - 9　炮塔的两件毛坯

六、注意事项

（1）划线时要两面划出线条，锯削时要有耐心，不要过快，锯路不要偏离划线区域而导致尺寸不够，造成废件。

（2）为保证被加工表面的粗糙度，精加工时一定要用顺锉的方法加工，必要时被加工表面要涂上粉笔润滑，达到粗糙度要求。

七、考核评价

序号	项目要求	配分	自测	自评	老师测	老师评
1	长度≥70mm（2 处）	50 分				
2	宽度≥50mm（2 处）	50 分				
3	安全文明生产	违反一项扣 10 分				
			得分：		得分：	

八、课后作业

（1）粗、精加工的目的是什么？

（2）求解 100 ± 0.02 的上偏差、公差、下极限尺寸和基本尺寸。

九、工匠精神励志篇

指尖打造导弹精确制导——巩鹏

一说导弹，大家肯定把它与"高精尖"联系在一起。但很多人可能不知道的是，正是因为导弹技术太高新、太尖端，很多零部件的加工是无法通过自动化程度很高的机床来生产的，而必须由人手工打造。

在"93 阅兵"方队中，就有 6 个型号的导弹关键部件的打造需要借助高超的手工技艺，甚至可以说，这些零件的加工精度，直接决定着导弹能否准确击中目标。所以，下面我们就来认识这样一位拥有手工绝活的普通钳工，他叫巩鹏。

直径 0.2mm，这是两根头发丝粗细的猪鬃，而巩鹏却能在上面用电钻精准打下一个孔，导弹上零件安装时最小的孔就是这么大。别看它小，稍有一丝偏差，就会影响到导弹打击的精确度。

这样的绝活，在巩鹏看来，就是小菜一碟。因为在他们的钳工班，所有的导弹精密部件加工都要借助钳工们的一双巧手，需要更牛的绝活。

关键时刻起关键作用，这是巩鹏给自己定下的一个标准。也正是这样的标准，让巩鹏成为航天科工领域的首席技师。"93 阅兵"时，巩鹏作为单位的唯一代表，来到天安门观礼。当看到自己生产的 6 型导弹出现在天安门广场时，他抑制不住激动的心情，和其他人一同喊出了"祖国万岁"！

项目十　坦克模型履带开料

【学习目标】

（1）掌握锯削长锯路的方法。
（2）了解平行度的标注。

一、课前检查

整理队伍；组织考勤；把手机等贵重物品存放到指定位置。

二、工具、量具、材料准备

工具：划线工具、锉刀、锯弓、锯条。
量具：150mm 钢直尺。
材料：A3 钢板 160×100×10（长×宽×厚，mm），如图 1-10-1 所示。

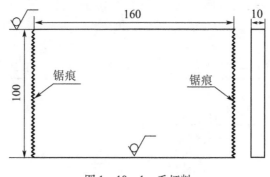

图 1-10-1　毛坯料

三、实习任务

按照坦克模型图和履带图纸（图 1-10-2、图 1-10-3）要求，在所给的毛坯料中为坦克履带开 3 件毛坯料。开料尺寸：长≥130mm，宽≥30mm，其余尺寸不变，如图 1-10-4 所示。

思考：

（1）你能看懂图 1-10-1 和图 1-10-4 吗？
（2）你能利用图 1-10-1 中的毛坯开出 3 件坦克履带毛坯吗？
（3）锯弓上的另外一对安装柱有什么作用？

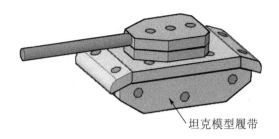

坦克模型履带

图 1 - 10 - 2　坦克模型履带

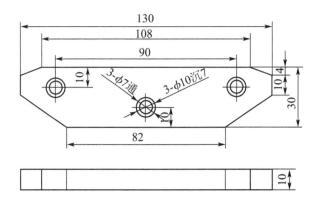

图 1 - 10 - 3　坦克履带

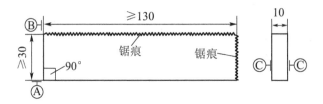

图 1 - 10 - 4　成品

四、加油站（相关知识）

（一）锯条安装的多种方法

锯条安装的多种方法如图 1 - 10 - 5 所示。

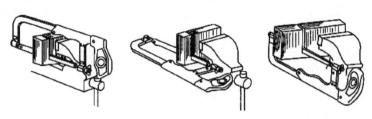

图 1 - 10 - 5　锯条安装的多种方法

（二）平行度

平行度公差用于限制被测要素对基准要素平行方向的误差。平行度公差带的形状有两平行平面、两组平行平面和圆柱等。

如图 1 - 10 - 6 所示为面对面的平行度公差，其公差带是距离为公差值 t（0.05）且平行于基准面 A 的两平行平面之间的区域，被测平面必须位于该区域内。

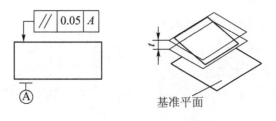

图 1 - 10 - 6 平行度公差带

五、实习步骤

（1）检查毛坯尺寸是否可以加工 3 件零件图（长 ≥ 130mm，宽 ≥ 100mm，厚 = 10mm），如图 1 - 10 - 7 所示。

（2）锉削四个直角，如图 1 - 10 - 8 所示。

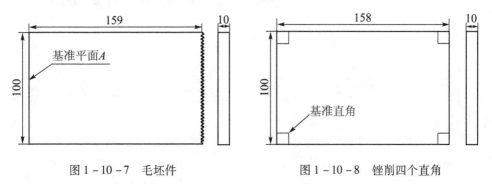

图 1 - 10 - 7 毛坯件   图 1 - 10 - 8 锉削四个直角

（3）以平面 A 为基准，划线 130mm，133mm。

（4）沿着锯路锯削，毛坯被分成左右两部分，右侧部分保管好加工挡板，左侧部分做 3 件履带毛坯，如图 1 - 10 - 9 所示。

（5）如图 1 - 10 - 10 所示，把毛坯分成 3 部分，分别加工出一个直角。

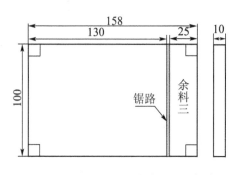

图 1 – 10 – 9　毛坯被分成左右两部分

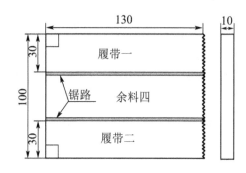

图 1 – 10 – 10　把毛坯分成 3 部分

（6）检查余料二的尺寸是否可以加工 1 件零件图（长 ≥ 130mm，宽 ≥ 100mm，厚 = 10mm），如图 1 – 10 – 11 所示。

（7）沿着锯路开料作为履带三的毛坯，如图 1 – 10 – 12 所示。

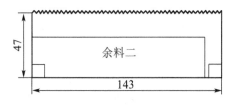

图 1 – 10 – 11　检查余料二的尺寸

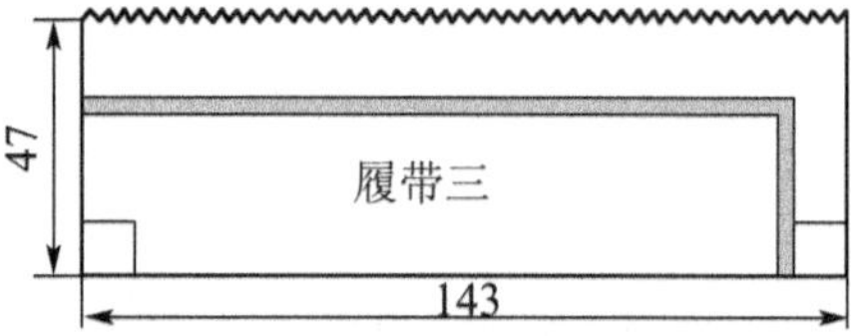

图 1 – 10 – 12　履带三开料

（8）检查余料四的尺寸是否可以加工 1 件零件图（长 ≥ 130mm，宽 ≥ 100mm，厚 = 10mm），如图 1 – 10 – 13 所示。

（9）沿着锯路开料作为履带四的毛坯，如图 1 – 10 – 14 所示。

图 1 – 10 – 13　检查余料四的尺寸

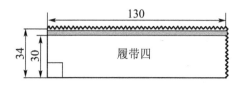

图 1 – 10 – 14　履带四开料

六、注意事项

（1）更换锯条时，不要急于锯削，要让新锯条在锯缝当中慢慢磨合几下。用力过猛或过快会使锯条折断。

（2）经常查看锯缝的走势，避免锯缝偏离界限，造成废件的产生。

（3）工件即将锯断时，锯削压力要小，避免用力过猛造成安全事故。

七、考核评价

序号	项目要求	配 分	自 测	自 评	老师测	老师评
1	长度≥130mm（3件）	50分				
2	宽度≥30mm（3件）	50分				
3	安全文明生产	违反一项 扣10分				
			得分：		得分：	

八、课后作业

（1）平行度属于（　　）公差。

    A. 尺寸　　　　B. 形状　　　　C. 位置　　　　D. 垂直度

（2）偏心轴零件图样上的符号"//"是（　　）公差，叫（　　）。

    A. 同轴度，圆度　　　　　　　B. 位置，平行度

    C. 形状，垂直度　　　　　　　D. 尺寸，同轴度

（3）标注形位公差代号时，形位公差框格左起第二格应填写（　　）。

    A. 形位公差项目符号　　　　B. 形位公差数值

    C. 形位公差数值及有关符号　D. 基准代号

（4）标注形位公差代号时，形位公差项目符号应填写在形位公差框格左起（　　）。

    A. 第一格　　　B. 第二格　　　C. 第三格　　　D. 任意

九、工匠精神励志篇

弹药精度的把关人——张新停

    他能在气球上给 A4 纸打孔，气球不破；能给鸡蛋壳打孔，蛋液还不流出……这些在工作中练就的绝活，也使他能更精确地完成工作。他叫张新停，是西北工业集团工具二分厂的一名钳工，是为弹药把控精度的人。

    这样的技术可不是一朝一夕就能练成的，全凭他多年的经验。

    张新停1992 年技校毕业，到现在已经在钳工岗位上工作了 24 年。刚上班时，厂里举行的一次专业技能比赛让争强好胜的他备受打击。"那次比赛我信心满满，却只得了纪念奖，跟别人的水平比差得很远。"从那之后，张新停就下定决心，要做一名响当当的钳工。2000 年，他以技师等级考试第二名的成绩，被

聘为钳工技师，成为公司最年轻的工人技师。

为了练好打孔技术，张新停在气球上给 A4 纸打眼，还给记者演示了一次。他在吹起的气球上放了一张纸，打开钻床，钻头飞快地在纸上旋转，气球却安然无恙。等他再拿起纸时，一个圆形纸片连在整张纸上，轻轻一吹圆形纸片掉落，圆孔就出现了。"这样做的目的，一是练习技术，二是考验技术，锻炼手的力度和眼睛的准确度。"他还练习在蛋壳上打眼，保持蛋壳内的薄膜完好无损；练习目测配钥匙，完全靠眼睛看尺度，手工配出钥匙打开锁头。

项目十一 坦克模型挡板开料

【学习目标】

(1) 掌握形位公差的项目符号。

(2) 了解形位公差的标注。

一、课前检查

整理队伍;组织考勤;把手机等贵重物品存放到指定位置。

二、工具、量具、材料准备

工具:划线工具、锉刀、手锯、锯条。

量具:150mm 钢直尺。

材料:A3 钢板 80×25×10 (长×宽×厚,mm),如图 1-11-1 所示。

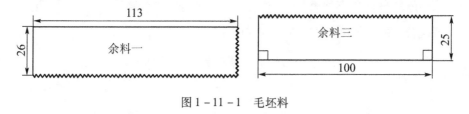

图 1-11-1 毛坯料

三、实习任务

按照坦克模型图和挡板图纸 (图 1-11-2) 要求,在所给的毛坯料 (图 1-11-1) 中为坦克挡板开两件毛坯料。开料尺寸:长 ≥71mm,宽 ≥ 25mm,其余尺寸不变,如图 1-11-4 所示。

思考:

(1) 你能看懂图 1-11-1 和图 1-11-4 吗?

(2) 余料一和余料三能否加工坦克模型挡板?

(3) 你知道符号"⊥"代表什么吗?

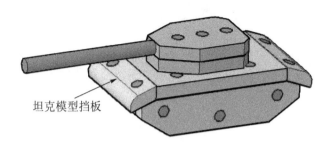

图 1 – 11 – 2　坦克模型挡板

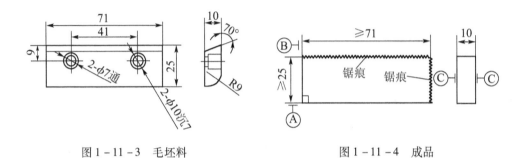

图 1 – 11 – 3　毛坯料　　　　　　　　图 1 – 11 – 4　成品

四、加油站（相关知识）

形位公差的特征项目符号见表 1 – 11 – 1。

表 1 – 11 – 1　形位公差特征项目及符号

分类	项目	符号	分类		项目	符号
形状公差	直线度	———	位置公差	定向	平行度	//
	平面度	▱			垂直度	⊥
	圆度	○			倾斜度	∠
	圆柱度	⌀		定位	同轴（同心度）	◎
形状或位置公差	线轮廓度	⌒			对称度	=
					位置度	⊕
	面轮廓度	⌓		跳动	圆跳动	↗
					全跳动	↗↗

（一）形位公差框格

形位公差框格如图 1 - 11 - 5 所示。

第一格：形位公差特征项目符号。

第二格：形位公差值及附加要求。

第三格：基准字母。

（二）被测要素的标注

被测要素的标注如图 1 - 11 - 6 所示。

（1）用带箭头的指引线将公差框格与被测要素相连来标注被测要素。

（2）指引线与框格的连接可采用图中所示的方法。

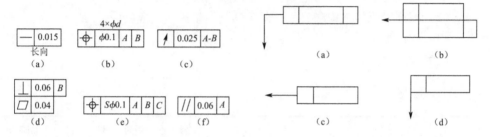

图 1 - 11 - 5　形位公差框格　　　　图 1 - 11 - 6　被测要素的标注

五、实习步骤

（1）检查余料一的尺寸是否可以加工零件图（长 ≥ 71mm，宽 ≥ 25mm，厚 = 10mm），如图 1 - 11 - 7 所示。

（2）沿着锯路开料作为挡板一的毛坯，如图 1 - 11 - 8 所示。

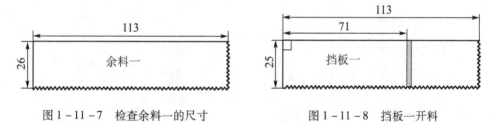

图 1 - 11 - 7　检查余料一的尺寸　　　　图 1 - 11 - 8　挡板一开料

（3）检查余料三的尺寸是否可以加工零件图（长 ≥ 71mm，宽 ≥ 25mm，厚 = 10mm），如图 1 - 11 - 9 所示。

（4）沿着锯路开料作为挡板二的毛坯，如图 1 - 11 - 10 所示。

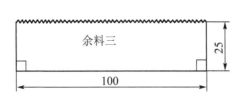

图 1 - 11 - 9　检查余料三的尺寸

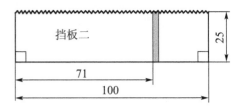

图 1 - 11 - 10　挡板二开料

六、注意事项

（1）划线之前，涂上粉笔颜色，让线条更清晰。

（2）锯削时要经常检测尺寸，避免锯削余量过多造成废件。

（3）锉削加工时及时检测，一般是先检测垂直度，再检测平面度，从而选择要加工的位置。

七、考核评价

序号	项目要求	配分	自测	自评	老师测	老师评
1	长度≥71mm（2件）	50分				
2	宽度≥25mm（2件）	50分				
3	安全文明生产	违反一项 扣10分				
			得分：		得分：	

八、课后作业

（1）图样上的符号"⊥"是（　　）公差，叫（　　）。

　　　A. 位置，垂直度　　　　　　　　B. 形状，直线度

　　　C. 尺寸，偏差　　　　　　　　　D. 形状，圆柱度

（2）同轴度同属于（　　）公差。

　　　A. 尺寸　　　　　B. 形状　　　　　C. 位置　　　　　D. 垂直度

（3）国家标准规定，形位公差共有（　　）项目。

　　　A. 12个　　　　　B. 14个　　　　　C. 18个　　　　　D. 5个

（4）国家标准规定，位置公差共有（　　）项目。

　　　A. 4个　　　　　B. 2个　　　　　C. 8个　　　　　D. 14个

（5）国家标准规定：定位公差包括（　　）项目。

　　　A. 3个　　　　　B. 6个　　　　　C. 8个　　　　　D. 5个

（6）形状公差项目符号是（ ）。

    A. ◎   B. ⊥   C. —   D. //

（7）属位置公差项目符号是（ ）。

    A. —   B. ○   C. =   D. ⊥

（8）位置公差中平行度符号是（ ）。

    A. ⊥   B. //   C. ◎   D. ∠

（9）下列（ ）为形状公差项目符号。

    A. ⊥   B. //   C. ◎   D. ○

九、工匠精神励志篇

孟剑锋： 錾刻人生

就在去年北京 APEC 会议期间，古老的中国錾刻技术，给各国元首开了一个小小的玩笑。在送给他们的国礼中，有一个是在金色的果盘里放了一块柔软的丝巾，看到的人都会情不自禁地伸手去抓，结果没有一个人能抓得起来，原来这块丝巾是用纯银錾刻出来的，而它就出自錾刻工艺师孟剑锋之手。

在一座20世纪80年代的老厂房里，孟剑锋和其他技工一起，熔炼、掐丝、整形、錾刻，从细小的首饰、工艺摆件，到"两弹一星"和航天英雄的奖章，一件件精美的作品就这样在他们的手里诞生了。

孟剑锋带徒弟，先要求他们练习怎么用锉。当年，孟剑锋刚入厂时，师傅也是这样让他开始练习基本功的。就一个重复的动作，孟剑锋一练就是一年。孟剑锋当时感觉很枯燥无味，而有着执着劲儿的母亲却让他坚持了下来。母亲教育孟剑锋说，既然决定做一件事，就一定要坚持下来，不要半途而废，如果遇到困难就往回退，那就什么事情都做不好。如今，孟剑锋已经是国家高级工艺美术技师，但是他对自己还是有些不满意，他觉得要干好工艺美术这行还应该懂绘画。现在他有时间就和爱人一起出去写生、练素描。孟剑锋说，总有一天，他一定会拿出一幅像样的绘画作品，就像练挫平、做錾刻那样，他就是要超越自己，追求极致。

记者在采访中发现，孟剑锋錾刻的工艺品，没有人要求它必须用手工打造，但是，在孟剑锋心里，只要是标注纯手工的作品，就不能有一丝虚假。即使双手磨得满是水泡，他依然坚守这个承诺。在孟剑锋身上，我们看到了一位国家级工艺美术技师的诚实、守信，以及对极致的不懈追求。只有将诚实劳动内化于心，"中国制造"才能经得起时代的检验。

项目十二 六角螺母的制作

【学习目标】

（1）掌握六角螺母的加工方法，并达到一定的锉削精度。

（2）掌握 120°角度样板的测量和使用方法，提高游标卡尺测量工件的准确性。

（3）能正确对六角螺母钻出螺纹底孔，并掌握正确的攻螺纹方法。

一、课前检查

整理队伍；组织考勤；把手机等贵重物品存放在指定位置。

二、工具、量具、材料准备

工具：各种锉刀、划针、样冲、手锤、毛刷、M12 丝锥、扳手等。

量具：直尺、高度游标卡尺、游标卡尺、刀口直角尺、万能量角器、120°角度样板等。

材料：45#钢料，规格为 $\phi 50 \times 15$mm，如图 1 – 12 – 1 所示。

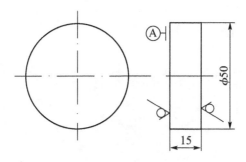

图 1 – 12 – 1 毛坯料

三、实习任务

（1）学习六角螺母的加工方法，并达到一定的锉削精度。

（2）学习万能量角器和 120°角度样板的测量使用方法。

思考：

（1）你能看懂图 1 – 12 – 1 和图 1 – 12 – 2 吗？

（2）六角螺母有什么特点？如何加工？

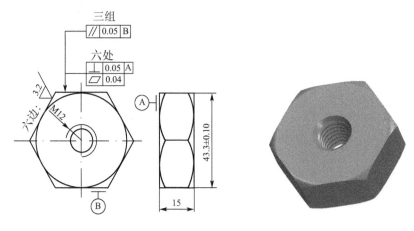

图 1 – 12 – 2　成品

四、加油站（相关知识）

（一）万能角度尺

1. 用途

万能角度尺是一种量具，用来测量工件内、外角度。

2. 精度

有 2′ 和 5′ 两种。

3. 结构

万能角度尺的结构如图 1 – 12 – 3 所示。

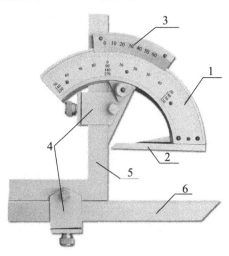

图 1 – 12 – 3　万能角度尺

1—尺身；2—基尺；3—游标；4—卡块；5—直角尺；6—直尺

4. 刻线原理

尺身刻线每格1°，游标刻线是将尺身上29°所占的弧长等分为30格，每格所对角度为（29/30）°，因此游标1格与尺身1格相差：1° - （29/30）° = （1/30）° = 2′。

5. 读数方法

万能角度尺的读数方法与游标卡尺的方法相似，先从尺身上读出游标零线左边的整度数，再从游标上读出"分"的数值（格数×2′），两者再相加就是被测的角度值。

6. 使用方法

（1）角度尺和直尺全部装上：0°～50°。

（2）仅装上直尺：50°～140°。

（3）仅装上角度尺：140°～230°。

（4）角度尺和直尺全拆卸：230°～320°（40°～130°内角）。

仅能测量0°～180°外角和40°～320°的内角。

（二）角度样板

角度样板如图1-12-4所示，测量时，角度样板基准边紧贴基准面，观察待测量面透光程度，均匀、微弱透光为合格。

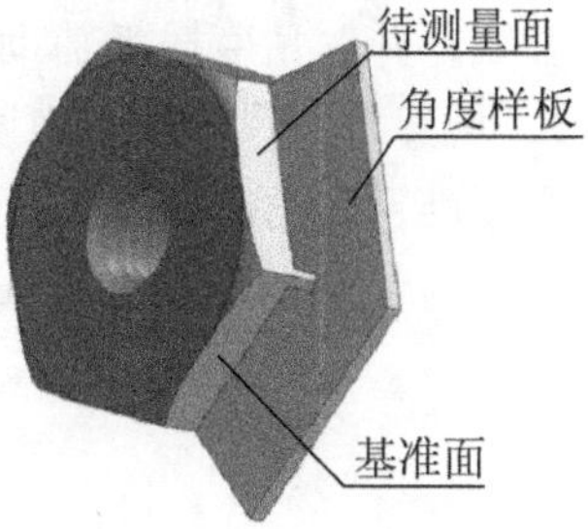

图1-12-4　角度样板

五、操作步骤

（一）检查工件的毛坯

（1）检查毛坯是否有足够的加工余量。毛坯规格：45#钢料，$\phi 50 \times 15$mm。

（2）去除锈迹、毛刺。

（二）加工过程

（1）绘制加工参考线，锉削加工面1，单边加工3.35mm余量（如图1-12-5所示），以刀口角尺控制平面度和垂直度，保证表面粗糙度值 Ra 3.2，并且用游标卡尺测量控制尺寸（46.65±0.10）mm。

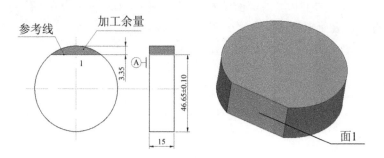

图1-12-5　加工面1

65

（2）在面 1 加工完成达到要求后，以面 1 为基准，先将工件倒放在划线平板上，用高度游标卡尺划出 43.3mm 高度线条，然后锉削加工到划线处作为面 2（如图 1 - 12 - 6 所示），再精加工达到平面度、垂直度、表面粗糙度要求，且与面 1 达到平行度要求，用游标卡尺测量，锉削控制尺寸达到（43.3 ±0.10）mm。

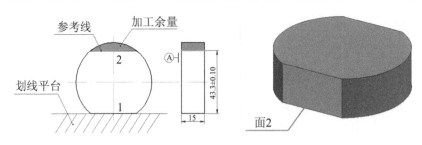

图 1 - 12 - 6　加工面 2

（3）面 3 加工方法与面 1 加工方法相同（如图 1 - 12 - 7 所示）。先绘制中心线，并用角度样板辅助绘制参考线，参考线经过中心线上表面。锉削加工面 3，用刀口角尺控制平面度和与大面 A 的垂直度，并保证表面粗糙度。以面 1 作为基准，用角度样板测量面 1 与面 3 之间形成的角度 120° ±2′，并注意控制尺寸范围为（46.65 ±0.10）mm。

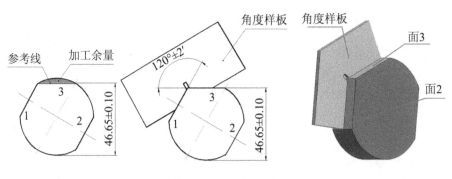

图 1 - 12 - 7　加工面 3

（4）面 4 的加工和测量与面 3 相同（如图 1 - 12 - 8 所示）。注意控制平面度、垂直度、表面粗糙度及角度 120° ±2′，并且控制平行度和测量尺寸（43.3 ±0.10）mm。

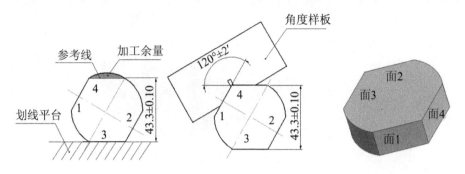

图 1 - 12 - 8　加工面 4

（5）面 5、面 6 的加工和测量方法与面 3、面 4 相同，采用角度样板测量角度 120° ±2′和游标卡尺测量控制平行度及测量尺寸（43.3 ±0.10）mm，最终形成如图 1 - 12 - 9 所示的正六方体。

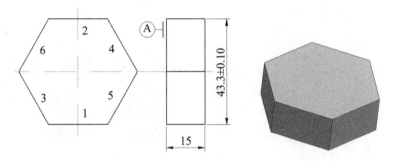

图 1 - 12 - 9　加工步骤面 5、面 6

（6）在六个面达到要求后，划中心线，用样冲定出中心眼，钻削 M12 底孔，攻丝 M12（如图 1 - 12 - 10 所示）。

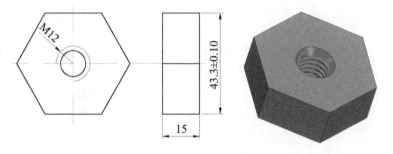

图 1 - 12 - 10　加工 M12 螺纹

（7）用划规划出 ϕ43.3mm 内切圆，高度划线尺划出 2mm 的倒角高度线（如图 1 - 12 - 11 所示）。

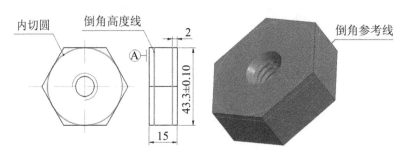

图 1 - 12 - 11　绘制倒角参考线

（8）按图样所示，根据所划好参考线，将工件平行装夹于平口钳上，用锉刀加工出 15°倒角。注意倒角要求使相贯线对称、倒角面圆滑、内切圆准确，最终达到技术要求（如图 1 - 12 - 12 所示）。

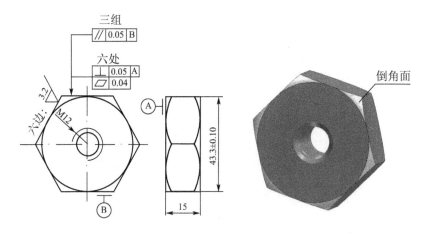

图 1 - 12 - 12　锉削倒角面

六、注意事项

（1）工件装夹时要用软垫辅助夹紧，以免工件锉削加工面夹伤或装夹不紧砸伤脚。

（2）钻床用电要注意安全，平口钳装夹要紧固，钻速要合适。

（3）钻孔时不要用嘴吹切屑，要用毛刷扫除并且要戴护目镜。

（4）锯削时力度和速度要适中，且边锯边观察加工线，以免锯偏。

（5）工件毛刺要清除好，以免刮伤手和影响测量精度。

七、考核评价

序号	项目要求	配 分	自测	自评	老师测	老师评
1	$\phi40 \pm 0.04$（3处）	每处20分，共60分，超差不得分				
2	Ra 1.6（6处）	每处2分，共12分，超差不得分				
3	//0.04（3组）	每处2分，共6分，超差不得分				
4	平面0.04（6处）	每处2分，共12分，超差不得分				
5	$120° \pm 2'$（6处）	每处1分，共6分，超差不得分				
6	安全文明生产	4分				
			得分：		得分：	

八、课后作业

（1）基本的锉削方法有_____、_____、_____3种。

（2）锯削硬材料、管道或薄板等零件时，应选用_____锯条。

（3）要想锉出平直的表面，心须使锉刀保持_____的锉削运动。

（4）用钢直尺、刀口形直尺检查平面度时，应沿加工表面_____、_____和_____方向逐一进行检查。

（5）起锯是锯削的开始，起锯的方法有_____和_____两种。一般情况下要采用_____，起锯角_____，并控制在_____左右为宜。

九、工匠精神励志篇

胡双钱：上海飞机制造有限公司高级技师

55岁的老胡是上海飞机制造厂年龄最大的钳工。在这个3 000m² 的现代化厂房里，胡双钱和他的钳工班组所在的角落并不起眼，但是打磨、钻孔、抛光，对重要零件细微调整——这些大飞机需要的精细活都只能手工完成。

航空工业要的就是精细活，大飞机零件加工的精度，要求达到0.1mm级别。

　　胡双钱的手因为长期接触漆色、铝屑已经有些发青，经他的手制造出来的零件被安装在近千架飞机上，飞往世界各地。胡双钱在这个车间已经工作了35年，经他手完成的零件没有出过一个次品。

项目十三 钻 孔

【学习目标】

（1）掌握台钻的使用方法。

（2）学会合理选择转速。

（3）学会选择钻头。

一、课前检查

整理队伍；组织考勤；把手机等贵重物品存放在指定位置。

二、工具、量具、材料准备

工具：手锤、样冲、ϕ10.2 麻花钻、钻夹头及钻夹匙。

量具：150mm 游标卡尺。

材料：45#钢半成品外切 ϕ(43.3 ± 0.14)mm 六边块，如图 1 – 13 – 1 所示。

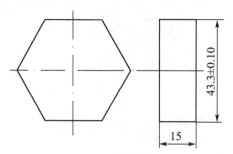

图 1 – 13 – 1 六边块

三、实习任务

根据图样要求，在六边块中心钻削 ϕ10.2mm 的螺纹底孔（如图 1 – 13 – 2 所示），并攻丝 M12 螺纹。

思考：

（1）你能看懂图 1 – 13 – 1 和图 1 – 13 – 2 吗？

（2）图中 ϕ10.2 是什么？

（3）ϕ10.2 能攻多大的螺纹？

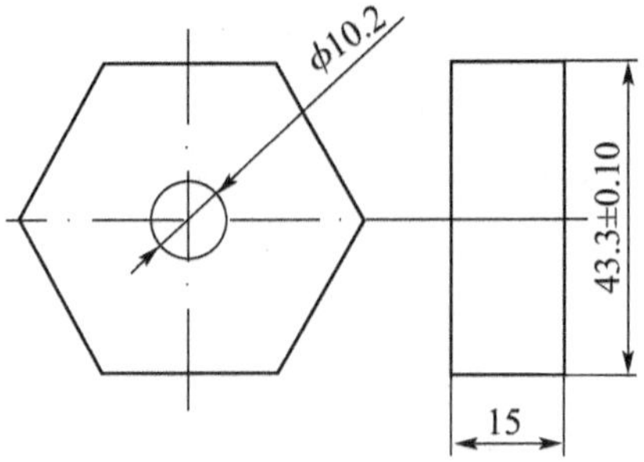

$\phi 10.2$

43.3 ± 0.10

15

图 1 – 13 – 2　成品

四、加油站（相关知识）

（一）台式钻床（Z4116 型）

这是一种小型钻床，一般用来加工小型工件上直径 $D \leqslant 13$ mm 的孔。

1. 结构

台式钻床的结构如图 1 – 13 – 3 所示。

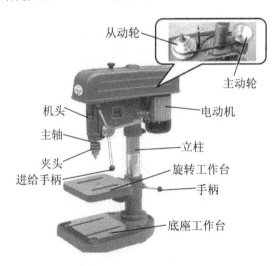

从动轮

主动轮

机头

电动机

主轴

夹头

立柱

进给手柄

旋转工作台

手柄

底座工作台

图 1 – 13 – 3　台式钻床结构

2. 传动原理

（1）主运动：电机→主动带轮→三角带→从动带轮→主轴。

（2）进给运动：进给手柄→齿轮→齿条→主轴。

3. 钻床升降调整

松开锁紧手柄→摇动升降手柄→实现升降。

4. 应用特点

结构简单，操作方便，钻、扩孔直径为 16mm 以下。

5. 电器控制开关

绿色开关→起动，红色开关→停止。

6. 主要技术规格

（1）最大钻孔直径 ϕ16mm。

（2）主轴最大行程 100mm。

（3）主轴锥度莫氏 2 号短型。

（4）主轴转速 350 ～ 3 800 r/min（分 5 级）。

（二）钻床附件

钻夹头（图 1 – 13 – 4）：夹持 13mm 以内直柄钻头，配以夹头匙用。

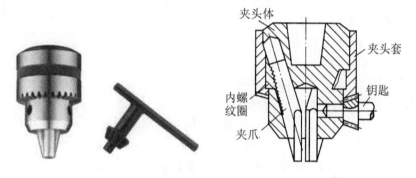

图 1 – 13 – 4　钻夹头

（三）麻花钻

麻花钻是钻孔应用中使用最广的刀具。麻花钻一般用高速钢（W18Cr4V 或 W9Cr4V2）制成，淬火后硬度为 62 ～ 68HRC。

1. 构造

麻花钻由柄部、颈部、工作部分组成，如图 1 – 13 – 5 所示。

（1）柄部。

麻花钻的柄部指钻头的夹持部分，用以定心和传递扭矩力。

①直柄式：直径小于 13mm 的钻头。

②锥柄式：直径大于 13mm 的钻头，且按莫氏锥度配置使用。

（2）颈部。

在磨制钻头时作退刀槽用，通常刻印钻头的规格、商标和材料。

（3）工作部分。

由切削部分和导向部分组成。切削部分承担主要的切削工作，导向部分起引导钻削方向和修光孔壁的作用。

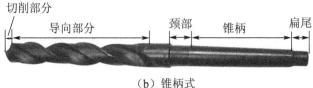

（a）直柄式

（b）锥柄式

图 1 - 13 - 5　麻花钻构成

2. 切削部分的构成

麻花钻切削部分的构成如图 1 - 13 - 6 所示。

（1）六面。

①两个前刀面：切削部分的两螺旋槽表面。

②两个后刀面：与工件切削表面相对的曲面。

③两个副后刀面：与已加工表面相对的钻头两棱带面。

（2）五刃。

①两条主切削刃：两前刀面与两后刀面的交线。

②两条副切削刃：两前刀面与两副后刀面的交线。

③一条横刃：两个后刀面的交线。

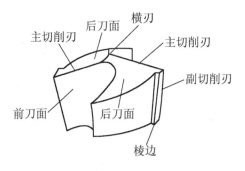

图 1 - 13 - 6　麻花钻切削部分的构成

五、操作步骤

（1）根据图样要求，绘制中心线，并用样冲打上样冲眼。

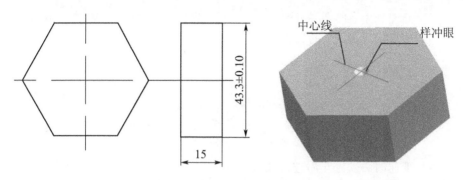

图 1 - 13 - 7 绘制中心线

（2）选择合适的钻头进行安装（M12 螺纹底孔 $\phi10.2$mm），并检查钻床、机床附件是否符合加工要求，如图 1 - 13 - 8 所示。

（3）工件装夹：工件两平行面装于平口钳钳口中央处（如图 1 - 13 - 9 所示），上表面与钳口上表面相平，底下不允许放垫铁。

图 1 - 13 - 8 钻头安装

图 1 - 13 - 9 工件安装

（4）钻削加工：微移平口钳，钻头对准样冲眼，摇动进给手柄进行钻削。观察铁屑，铁屑呈条状，表示进给力度过大；铁屑呈粉状，表示进给力度过小。如图 1 - 13 - 10 所示。

图 1 - 13 - 10 钻削加工状态

（5）两面利用 φ13 钻头倒角，倒角使用最低（350r/min）转速。

（6）根据图样要求，攻削 M12 螺纹。

六、注意事项

（1）工件必须夹紧，将钻穿孔时应减小进给力。

（2）开动钻床前，检查是否有夹头匙或斜铁插在转轴上。

（3）钻孔时不可用手拉或用嘴吹切屑。

（4）变速时必须停车后进行调整。

（5）严禁在主轴旋转状态下装拆、检测工件。

（6）清洁钻床或加注滑油，必须切断电源。

（7）不准戴手套钻孔，衣服袖口必须扎紧。

七、考核评价

序号	项目要求	配分	自测	自评	老师测	老师评
1	M12 螺纹底孔是否正确	50 分				
2	是否合理选择钻孔速度	30 分				
3	是否符合钻床操作规程	20 分				
			得分：		得分：	

八、课后作业

（1）钻削时，钻头直径和进给量确定后，钻削速度应按钻头的_____选择，钻深孔应取_____的切削速度。

（2）钻削用量包括_____、_____、_____。

（3）麻花钻一般用_____制成，淬硬至 HRC _____。由_____、_____及_____构成。柄部有_____柄和_____柄两种。

（4）钻孔时，主运动是_____，进给运动是_____。

九、工匠精神励志篇

全国劳动模范廖国锋

廖国锋，广西柳工机械股份有限公司电焊高级技师，公司职业培训中心电焊专业客座讲师，2013 年起被公司聘为电焊技能大师，2014 年当选广西十大"最美劳动者"。

　　他是一名从普通农民工出身，依靠自己的勤奋和努力，更重要的是对事业执着的追求，在企业发展过程中成长起来的一线高技能人才的优秀代表。1993 年，他从职业技术学校机电维修专业毕业，进入柳工走上电焊工作岗位。从没有接触过电焊的他，被焊花熄灭后钢板上产生的神奇效果

震撼了：世界上还有这么强大的力量能将钢铁融化并粘连起来！他从此痴迷上了对焊接技术的学习和钻研。他花了比别人多无数倍的时间来学习焊接理论，投入大量的精力在车间练习焊接技能。他不怕吃苦受累，甘于将学习和工作当作一种乐趣，哪怕经常被电焊弧光打伤、眼睛只能半睁半闭，哪怕被电焊烟尘呛得夜里不停地咳嗽难以入睡，他都始终不改自己对焊接的喜爱，不放弃对焊接技术孜孜不倦的追求。坚持不懈的努力和辛勤的付出，换来了他焊接技能的不断提升。10 年后，他掌握了一身的绝招绝技，成为公司里焊接技术超群的工人技术专家。2004 年至 2007 年间，他连续三届夺得柳工电焊工岗位技能大赛冠军，赢得了各级领导的充分认可和公司上下的广泛尊重。

项目十四 攻螺纹

【学习目标】

(1) 掌握攻螺纹底孔的计算方法，并牢记常用内螺纹底孔。
(2) 掌握攻丝的基本操作，并学会选用丝锥。

一、课前检查

整理队伍；组织考勤；把手机等贵重物品存放在指定位置。

二、工具、量具、材料准备

工具：丝锥，绞手。
量具：刀口直角尺，M12 螺纹通规，止规。
材料：45#钢半成品外切 $\phi(43.3 \pm 0.10)$ mm 六边块，内孔 $\phi10.2$mm，如图 1 - 14 - 1 所示。

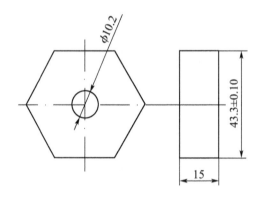

图 1 - 14 - 1   毛坯料

三、实习任务

加工 M12 内螺纹。
思考：
(1) 你能看懂图 1 - 14 - 2 吗？
(2) 你有想过螺纹是怎样加工的吗？
(3) 螺纹滑牙了，怎样修复？

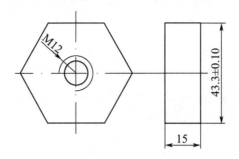

图 1-14-2　成品

四、加油站（相关知识）

攻螺纹——用丝锥在孔中切削加工内螺纹的方法。

1. 丝锥（丝攻）

丝锥是一种加工内螺纹的刀具。

（1）材料：高速钢、碳素工具钢、合金工具钢。

（2）结构：由工作部分和柄部组成。工作部分包括切削部分和校准部分。柄部有方榫，用来传递切削扭矩，如图 1-14-3 所示。

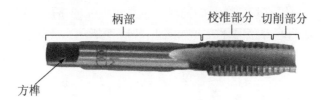

图 1-14-3　丝锥的构造

（3）分类：按加工方法分为机用丝锥、手用丝锥（还有粗牙、细牙，粗柄、细柄，单支和成组，等径和不等径之分）。

（4）丝锥攻牙时的使用顺序，按照头攻第一、二攻第二的次序使用。切削部分长的为头攻，切削部分短的为二攻。如图 1-14-4 所示。

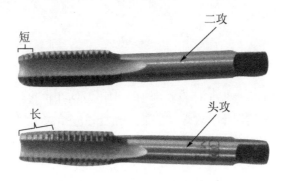

图 1-14-4　丝锥使用顺序

2. 铰杠

铰杠是手工攻螺纹时用来夹持丝锥的工具，分普通铰杠（图1-14-5）和丁字铰杠（图1-14-6）两类。各类铰杠又可分为固定式和活络式两种。丁字铰杠适用于在高凸旁边或箱体内部攻螺纹，活络式丁字铰杠用于 M6 以下的丝锥，普通铰杠固定式用于 M5 以下的丝锥。

图1-14-5　普通铰杠　　　　　　图1-14-6　丁字铰杠

3. 攻螺纹前螺纹底孔直径的确定

（1）确定底孔直径的因素。

攻螺纹时，丝锥在切削金属的同时，还伴随较强的挤压作用。因此，金属产生塑性变形形成凸起并挤向牙尖（如图1-14-7所示），使攻出螺纹的小径小于底孔直径。

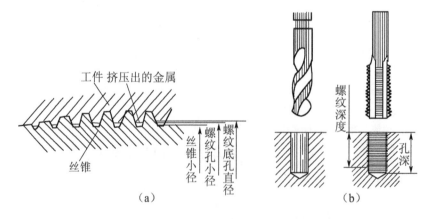

图1-14-7　攻螺纹时的挤压现象

底孔直径的大小应根据工件材料的塑性大小及钻孔扩张量来考虑，并按经验公式计算得出。一般情况下，攻螺纹前的底孔直径应稍大于螺纹小径。

（2）在技工钢和塑性较大的材料及扩张量中等的条件下：

$$D_钻 = D - P$$

式中 $D_钻$——攻螺纹钻螺纹底孔用钻头直径，mm；

D——螺纹大径，mm；

P——螺纹，mm；

（3）在加工铸铁和塑性较小的材料及扩张量较小的条件下：

$$D_钻 = D - (1.05 \sim 1.1)P$$

（4）常用的粗牙、细牙普通螺纹攻螺纹钻底孔用钻头直径可以在表1－14－1中查得。

表1－14－1 常用普通螺纹底孔直径

单位：mm

螺纹大径 D	螺距	钻头直径	
		铸铁、青铜、黄铜	钢、可断铸铁、紫铜、层压板
5	0.8	4.1	4.2
6	1	4.9	5
8	1.25	6.6	6.7
10	1.5	8.4	8.5
12	1.75	10.1	10.2
14	2	11.8	12
16	2	13.8	14

五、操作步骤

（1）在螺纹底孔的孔口倒角，倒角处直径应略大于螺孔大径 M12（如图1－14－8所示）。

（2）选用丝锥 M12，必须先用头锥加工，攻通后再换二锥攻削。

（3）用头锥起攻：起攻时，一手按住铰杠中部，沿丝锥轴线用力加压，另一手配合作顺向旋进（如图1－14－9所示）；或两手握住铰杠两端均匀施加压力，并将丝锥顺向旋进。

（4）在丝锥攻入1～2圈时，利用直角刀口角尺检查丝锥垂直程度（如图1－14－10所示），并轻微矫正，丝锥不得歪斜。

（5）当丝锥的切削部分全部进入工件时，不再需要施加压力，两手旋转丝锥时用力要均匀，并要经常倒转1/4～1/2圈，使切屑碎断后排出。

大于螺孔大径

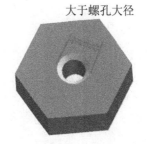

图1－14－8 倒角

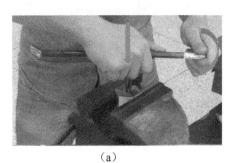
（a）

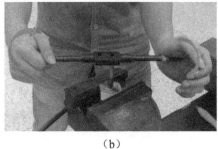
（b）

图 1 – 14 – 9　攻螺丝动作要领

（6）等头锥全部进入后，逆向旋转出，再更换二锥进行挤压一次，得出 M12 螺纹（图 1 – 14 – 11）。

图 1 – 14 – 10　垂直测量

图 1 – 14 – 11　M12 螺纹

六、注意事项

（1）攻不通孔时，可在丝锥上做好深度标记，并要经常退出丝锥，清除留在孔内的切屑，否则会因切屑堵塞而使丝锥折断或使所攻螺纹达不到深度要求。当工件不便倾倒进行清屑时，可用弯曲的小管子吹出切屑，或用磁性针棒吸出。

（2）攻韧性材料的螺孔时，要加切削液，以减小切削阻力，减小加工螺孔的表面粗糙度值，延长丝锥寿命。攻钢件时应用机油，螺纹质量要求高时可用工业植物油。攻铸铁件可加煤油。

七、考核评价

序号	项目要求	配分	自测	自评	老师测	老师评
1	是否 M12 螺纹	80 分				
2	螺纹中心线是否垂直	10 分				

续表

序号	项目要求	配分	自测	自评	老师测	老师评
3	有没有出现乱牙现象	10 分				
			得分：		得分：	

八、课后作业

（1）毛坯及工件应摆放整齐，工件应尽量放在_____，以免磕碰。

（2）工、量具等用后应及时_____，并放回原处。

（3）螺纹种类按用途可分为_____、_____和_____三种。

（4）按国标规定，普通螺纹的公称直径是指_____的基本尺寸。

九、工匠精神励志篇

青年 "工匠" ——柳工青年岗位技术能手标兵扈海安

扈海安，今年刚刚 30 出头。车工出身的他，不仅是柳工最年轻的技能专家，也是全广西最年轻的"五一劳动奖章"获得者。2015 年，扈海安再获"全国青年岗位技术能手标兵"殊荣。如今，他工作在柳工集团公司新成立的机器人系统公司，在智能工业时代，他正在开拓属于自己的一番新天地。当跟扈海安提到获奖时，他憨厚一笑："我做的，只是精益求精而已。"

"很多人认为，车工、铣工有什么难的，照着图纸做不就行了？"说起本行，扈海安侃侃而谈："但在实际操作时，机器和软件常出现不兼容，如果软件设计有缺陷，还会导致设备不执行正确代码，加工时易造成严重失误。""比如我正在加工的一对森辉机械模具，因为刀路没达到最优化，直接加工会浪费不少时间，而且刀路还不按代码设计路径走，可能会造成零件严重过切。"扈海安说，"我在请教了专业老师后，综合运用 UG、Proe、CAXA、MastreCAM 等软件编制加工程序，进行实体仿真。这些编程和绘图软件都是我自学的，灵活运用这些软件，不仅能大大缩短加工时间，还能大幅提升产品质量。"结果，整个程序执行下来，工件加工得非常完美。

项目十五　小手锤制作

【学习目标】

通过实习使前一阶段所学钳工基本技能得到综合运用，并进一步提高平面锉削、锯削、钻孔、攻丝及测量技能。

一、课前检查

整理队伍；组织考勤；把手机等贵重物品存放在指定位置。

二、工具、量具、材料准备

工具：钳工锉、整形锉、高度尺、钢板尺、划针、钻头、丝锥、绞杠、锯弓、手用锯条、样冲等。

量具：高度尺、游标卡尺、直角尺、刀口角尺、钢直尺。

材料：45#钢，毛坯大小 115×20×20（长×宽×厚，mm），如图 1-15-1 所示。

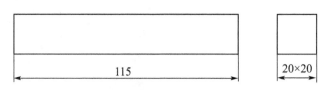

图 1-15-1　毛坯料

三、实习任务

根据图样要求，锯削开料（有效尺寸 115×20×20），锉削手锤外形尺寸，钻 M10 螺纹底孔，攻 M10 内螺纹，最后倒角。待全班同学加工完成后统一进行淬火处理。

思考：

（1）图 1-15-2 是一个什么物品，有什么作用？

（2）你想到可以用什么方式加工？

（3）这个产品和家里常用的手锤有什么区别？

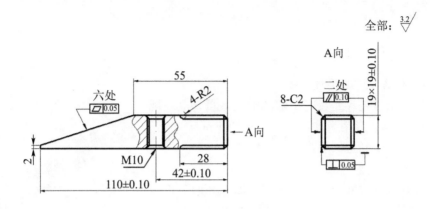

技术要求：
1.未标注公差按GB/1804-m级加工。
2.淬火热处理。

图 1－15－2　产品（小手锤）

四、加油站（相关知识）

淬火是金属加工热处理工艺的一种，它是将金属工件加热到某一适当温度（800～850℃）并保持一段时间后，随即浸入淬冷介质中快速冷却，从而获得需要的硬度，但同时金属工件也会变脆。

（一）淬火的目的

淬火的目的主要是使钢件得到马氏体（和贝氏体）组织，提高钢的硬度和强度，与适当的回火工艺相配合，更好地发挥钢材的性能潜力。

（二）淬火方法

1. 单介质淬火

单介质淬火指工件在一种介质中冷却，如水淬、油淬。

2. 双介质淬火

双介质淬火指工件先在较强冷却能力介质中冷却到300℃左右，再在一种冷却能力较弱的介质中冷却。

3. 分级淬火

分级淬火指工件在低温盐浴或碱浴炉中淬火，盐浴或碱浴的温度在 Ms 点附近，工件在这一温度停留 2～5min，然后取出空冷，这种冷却方式叫分级淬火。

4. 等温淬火

等温淬火指工件在等温盐浴中淬火，盐浴温度在贝氏体区的下部（稍高于Ms），工件等温停留较长时间，直到贝氏体转变结束，取出空冷。等温淬火用于中碳以上的钢，目的是为了获得下贝氏体，以提高强度、硬度、韧性和耐磨性。

常用的淬冷介质有盐水、水、矿物油、空气等。

五、操作步骤

1. 检查工件的毛坯

（1）检查毛坯是否有足够的加工余量，毛坯规格：45#钢料，规格为（115×20×20）mm。

（2）去除锈迹、毛刺，预防伤手。

2. 加工过程

（1）锉削去除最少的余量加工面 1 和面 2 作为基准面（图 1 - 15 - 3），平面度要求达到 0.05，表面粗糙度 Ra 3.2，同时两面相互垂直度为 0.05。

图 1 - 15 - 3　基准面

（2）以面 1 为基准划参考线，锉削去除余量，得出面 3，并保证面 3 与面 1 尺寸（19±0.1）mm、平行度 0.05mm，同时达到垂直度 0.05mm、粗糙度 Ra 3.2 的要求。

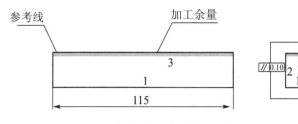

图 1 - 15 - 4　加工面 3

（3）与加工面 3 方法同理，绘制参考线，锉削去除余量，得到面 4，并保证面 4 与面 2 尺寸（19±0.1）mm、平行度 0.05mm，同时达到垂直度 0.05mm、粗糙度 Ra 3.2 的要求，最终得到 19×19×115 四方条，如图 1 - 15 - 5 所示。

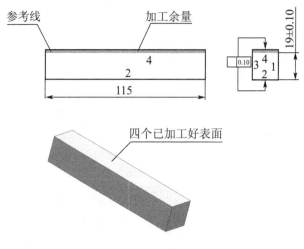

　图 1 - 15 - 5　加工面 4

（4）锉削两边断面，控制尺寸（110±0.1)mm，并保证平行度 0.05mm，同时达到与第一、二面垂直度 0.05mm，粗糙度 Ra 3.2 的要求。如图 1-15-6 所示。

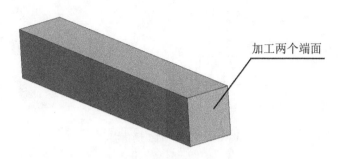

图 1-15-6　加工端面

（5）根据图样要求绘制斜面参考线，锯削去除余量，并锉削斜面，达到平面度 0.05mm 的要求。如图 1-15-7 所示。

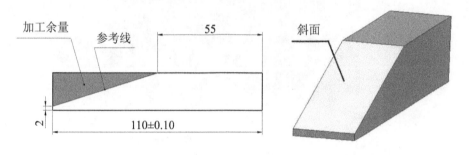

图 1-15-7　加工斜面

（6）根据图样要求，在顶面上划出中心线，用样冲定出中心眼，钻削 M10 底孔 ϕ8.5，并倒角 2mm，最后攻丝 M10。如图 1-15-8 所示。

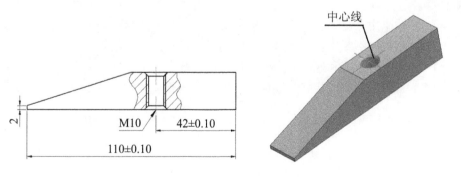

图 1-15-8　加工 M10 内螺纹

（7）按图样要求划出 8 - C2 倒角和 4 - R2 的加工界线，先用圆锉加工出 R2，后用板锉加工出 2×45°倒角，并连接圆滑（此步演示讲解）。如图 1 - 15 - 9 所示。

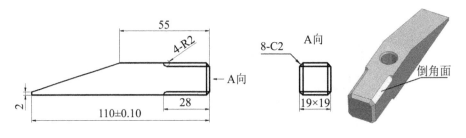

图 1 - 15 - 9　加工倒角面

（8）等全班同学加工完毕后，将加工件统一进行淬火热处理。常用热处理设备如图1 - 15 - 10所示。

图 1 - 15 - 10　常用热处理设备

六、注意事项

（1）工件装夹时要用软垫辅助夹紧，以免工件锉削加工面夹伤或装夹不紧砸伤脚。

（2）钻床用电要注意，平口钳装夹要紧固，钻速要合适。

（3）钻孔时不要用嘴吹切屑，而要用毛刷扫除并且要戴眼镜。

（4）锯削时力度和速度要适中，且边锯边观察加工线，以免锯偏。

（5）工件毛刺要清除好，以免刮伤手和影响测量精度。

七、考核评价

序号	项目要求	配 分	自测	自评	老师测	老师评
1	19±0.1（2处）	每处20分，共40分，超差不得分				
2	110±0.1	20分，超差不得分				
3	M10 正确	5分，错误不得分				
4	平面度0.05（6处）	每处3分，共18分，超差不得分				
5	垂直度0.05（4处）	每处3分，共12分，超差不得分				
6	倒角（美观）	1～5分				

八、课后作业

1. 普通钳工锉按其断面形状的不同，分为_____、_____、_____、_____ 和 _____等5种。

2. 锉削速度一般控制在 _____ 以内，推出时的速度稍慢，回程时的速度稍快，且动作要协调自如。

3. 划线有_____和 _____两种。

4. 游标卡尺的精度有_____、_____和_____3种。

5. 游标卡尺可用来测量 _____、_____、_____、_____、_____ 和_____。

九、工匠精神励志篇

三一重装 "改善之星" 兰石水

兰石水，现任三一重装物料管理部部长助理。2009年9月，他主动调岗至当时业绩并不突出的制造本部物料管理部，从事制造一线工作。"刚加入物料管理部时，真是两眼一抹黑，面对陌生领域的工作，我不停地告诉自己，挑战，就是需要更多的学习和不懈的努力。"凭借自己较强的沟通力和执行力，他开始在工作中崭露头角。

2011 年，兰石水主管三一重装综采园区物流部，经过 8 个月周密的调研及严谨的数据测算，他写出了《三一重装新园区 6 号厂房中心库房物流规划报告》。经专家评审，该方案因其科学合理的布局获得公司奖励。

有一次，兰石水了解到公司准备对密集库进行扩建，便着手调研以论证该方案的可行性。一番研究后他发现，只需利用现有资源，改进横梁、积压物资的处理方式，把因库存过大占用的空间释放出来，便可满足库房需求。于是，他立即向公司提交了《关于紧急停止密集库扩建的建议》。经集团领导评审，扩建项目被取消，为公司节约了 162 万元。

为了加快采购物料入库过磅速度，物料管理部协调相关部门在型材库附近新建一处地磅。兰石水考虑到供应商所来型材、圆钢等物料特性，经过详细的参数对比及可行性分析，提交了《关于使用电子吊秤代替地磅的建议》。被采纳后经测算，为公司节约 23 万余元，这一改善荣获"三一重装 2010 年度改善最高奖"。

项目十六　坦克模型履带加工

【学习目标】

掌握划线、钻孔、攻丝、锯削、锉削等基本操作技能。

一、课前检查

整理队伍；组织考勤；把手机等贵重物品存放到指定位置。

二、工具、量具、材料准备

工具：12 寸扁平粗锉刀、8 寸扁平锉刀、手锯、划线平台、划针、样冲、铁锤、钻床、钻头（$\phi5$、$\phi7$、$\phi10$）、M6 丝锥和铰杠、5mm 六角匙。

量具：刀口直角尺、游标卡尺、高度游标卡尺。

材料：A3 钢板 ≥130×30×10（长×宽×厚，mm），4 件，如图 1－16－1 所示。

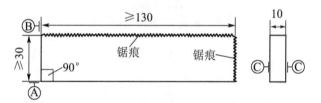

图 1－16－1　坦克履带毛坯件

三、实习任务

按照坦克模型图（图 1－16－2）和履带图纸（图 1－16－3、图 1－16－4）要求，加工出 4 件履带，如图 1－16－5 所示。

思考：

（1）你能看懂图 1－16－3、图 1－16－4 标出的要求吗？能指出这次任务涉及的具体工作吗？

（2）如何快速地将履带（4 件）加工出来？

（3）如何保证履带 1 和履带 2 的孔相对应？

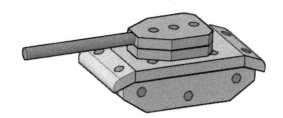

图 1 - 16 - 2　坦克模型

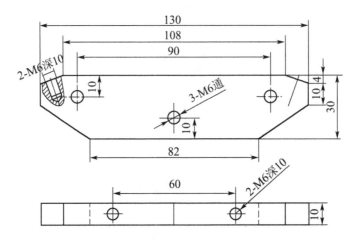

图 1 - 16 - 3　履带 1 图纸

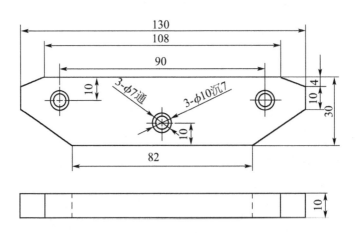

图 1 - 16 - 4　履带 2 图纸

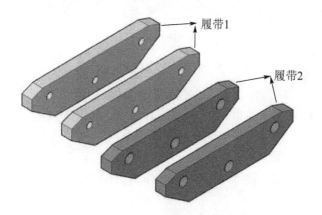

图 1 - 16 - 5 履带成品（4件）

四、加油站（相关知识）

（一）游标卡尺的结构

游标卡尺的结构如图 1 - 16 - 6 所示。

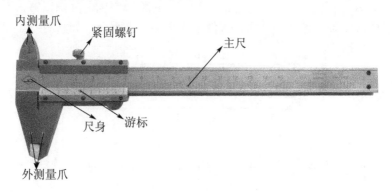

图 1 - 16 - 6 游标卡尺的结构

（二）游标卡尺的测量精度（分度值）

游标卡尺的测量精度（分度值）有 0.1mm，0.02mm，0.05mm 三种。其中 0.02mm 的卡尺刻线原理和读数方法为如下。

1. 刻线原理

尺身每小格为 1mm，当两测量爪合并时，游标上的 50 格刚好与尺身上的 49mm 对正。尺身与游标每格之差为：1 - 49/50 = 0.02mm，此差值即为 1/50mm 游标卡尺的测量精度。

2. 读数方法

第一步：读整数——在尺身上读出位于游标零线左边最接近的整数值。

第二步：读小数——用游标上与尺身刻线对齐的刻线格数，乘以游标卡尺的测量精度值，读出小数部分。

第三步：求和——整数 + 小数，即为被测尺寸。

3. 举例（图 1 - 16 - 7）

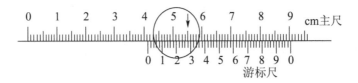

图 1 - 16 - 7　游标卡尺的读数

（1）整数读数：41mm。

（2）小数读数：游标上第 14 条刻线与尺身刻线对齐，即读数为 $14 \times 0.02 = 0.28$（mm）。

（3）被测尺寸：41.28mm。

五、实习步骤

（1）划线：按图 1 - 16 - 3、图 1 - 16 - 4 的图纸要求，分别以 A，B 为基准面划线，要求线条清晰，保证两件工件中 3 个中心点重合，如图 1 - 16 - 8 所示。

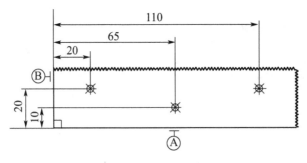

图 1 - 16 - 8　划线

（2）钻孔、攻丝：检查件①的划线位置是否正确，然后打样冲，钻 3 - φ5 通孔，攻螺纹 3 - M6，如图 1 - 16 - 9 所示。

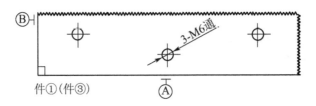

图 1 - 16 - 9　钻孔、攻丝

（3）钻孔：检查件②的划线位置是否与件①的螺纹孔对应，然后打样冲，钻 3 - φ7 通孔，钻 3 - φ10 深 7 的沉孔，如图 1 - 16 - 10 所示。

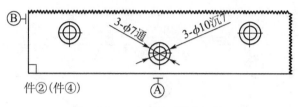

图 1 - 16 - 10　钻孔

（4）将件①与件②用 3 枚螺丝（M6 × 16）固定成一件，如图 1 - 16 - 11 所示。

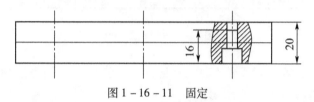

图 1 - 16 - 11　固定

（5）按图 1 - 16 - 3 与图 1 - 16 - 4 的图纸要求划线，先用游标高度尺，分别以 A 和 B 为基准，划出交点 1 ～ 8，再使用划针和钢直尺将各点连接起来，如图 1 - 16 - 12 所示。

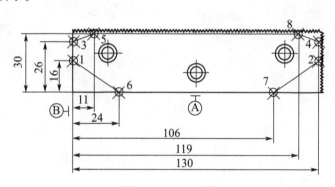

图 1 - 16 - 12　划线

（6）按图 1 - 16 - 3 与图 1 - 16 - 4 的图纸要求锯削履带，如图 1 - 16 - 13 所示。

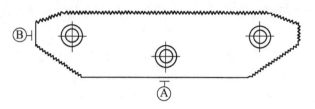

图 1 - 16 - 13　锯削履带

（7）按图 1 - 16 - 3 与图 1 - 16 - 4 的图纸要求对履带进行锉削，并保证尺寸，如图 1 - 16 - 14 所示。

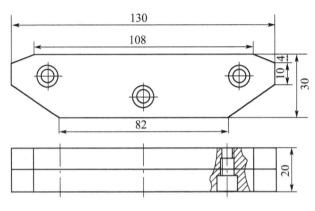

图 1 - 16 - 14　锉削履带

（8）重复步骤（1）～（7），将件③和件④按同样的方法加工完成。如图 1 - 16 - 15、图 1 - 16 - 16 所示。

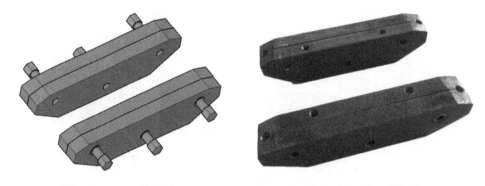

图 1 - 16 - 15　效果图　　　　　　　图 1 - 16 - 16　实物图

（9）最终保证件①、件②与件③、件④的错位量一致。

（10）锐边倒角。

六、注意事项

（1）合理选择划线基准，将工件表面涂色，校准游标高度尺，划出的线条要准确、清晰。

（2）履带 1 和履带 2 应同时划线，避免孔的位置出现偏差，划线后检查孔的中心尺寸，并打好样冲眼。

（3）钻孔时工件要夹紧，严禁开机状态下拆装工件和变换主轴转速。

（4）攻丝前必须给螺纹底孔倒角，攻丝时要加切削液。

（5）攻丝要经常退削，以免丝锥断裂。

（6）装夹毛坯件时要注意毛坯伸出的尺寸，避免影响锯削质量。

（7）锯削时要防止锯条折断而从锯弓上弹出伤人。

（8）工件被锯下的部分要防止跌落砸在脚上。

（9）由于 B 面较短，锉削时要平稳，避免用力过猛造成事故或影响加工精度。

（10）锉削过程中不能用嘴吹切屑或用手清理切屑，以防伤眼或伤手。

（11）锉屑嵌入齿缝时必须用钢刷清除，不允许用手直接清除。

七、考核评价（一对履带）

序号	项目要求	配分	自测	自评	老师测	老师评
1	130 ± 0.2	8 分				
2	108 ± 0.2	8 分				
3	82 ± 0.2	8 分				
4	30 ± 0.2	8 分				
5	10 ± 0.2	8 分				
6	4 ± 0.2	8 分				
7	90 ± 0.03	3 分				
8	10 ± 0.03（2 处）	6 分				
9	M6 内螺纹（3 处）	12 分				
10	螺纹垂直度（3 处）	3 分				
11	φ7 通孔（3 处）	12 分				
12	φ10 沉孔（3 处）	12 分				
13	Ra 3.2	4 分				
14	安全文明生产	违反一项扣 10 分				
			得分：		得分：	

八、课后作业

（1）（　　）上装有活动量爪，并装有游标和紧固螺钉的测量工具称为游标卡尺。

A. 尺框　　　　B. 尺身　　　　C. 尺头　　　　D. 微动装置

（2）游标卡尺结构中，沿着尺身可移动的部分叫（　　）。

　　A. 尺框　　　　　B. 尺身　　　　　C. 尺头　　　　　D. 活动量爪

（3）游标卡尺结构中，有刻度的部分叫（　　）。

　　A. 尺框　　　　　B. 尺身　　　　　C. 尺头　　　　　D. 活动量爪

（4）游标卡尺的读数部分由尺身和（　　）组成。

　　A. 尺框　　　　　B. 游标　　　　　C. 量爪　　　　　D. 深度尺

（5）精度 0.02mm 的游标卡尺，尺身每小格 1mm，当测量爪合并时，尺身上 49mm 刚好等于游标上（　　）格。

　　A. 48　　　　　B. 49　　　　　C. 50　　　　　D. 51

（6）测量精度为 0.05mm 的游标卡尺，当两测量爪并拢时，尺身上 19mm 对正游标上的（　　）格。

　　A. 19　　　　　B. 20　　　　　C. 40　　　　　D. 50

（7）游标卡尺上端有两个爪是用来测量（　　）的。

　　A. 内孔　　　　　B. 沟槽　　　　　C. 齿轮公法线长　　　D. 外径

（8）不能用游标卡尺去测量（　　），否则易使量具磨损。

　　A. 齿轮　　　　　B. 毛坯件　　　　C. 成品件　　　　D. 高精度件

（9）不能用游标卡尺去测量（　　），因为游标卡尺存在一定的示值误差。

　　A. 齿轮　　　　　B. 毛坯件　　　　C. 成品件　　　　D. 高精度件

（10）游标卡尺只适用于（　　）精度尺寸的测量和检验。

　　A. 低　　　　　B. 中等　　　　　C. 高　　　　　D. 中、高等

（11）精度较低的孔径一般用（　　）测量。

　　A. 游标卡尺　　　B. 外径千分尺　　C. 塞规　　　　　D. 游标深度尺

（12）以下有关游标卡尺说法不正确的是（　　）。

　　A. 游标卡尺应平放

　　B. 游标卡尺可用砂纸清理上面的锈迹

　　C. 游标卡尺不能用锤子进行修理

　　D. 游标卡尺使用完毕后应擦上油，放入盒中

（13）在平行孔系中，对中心距精度要求不是很高的工件，最普通的方法是采用（　　）检验。

　　A. 游标卡尺　　　B. 千分尺　　　　C. 塞尺　　　　　D. 量块

九、工匠精神励志篇

钳工方文墨: 手工打磨歼 15 零件

在 2015 年 "93 阅兵" 的装备中，飞过天安门的 5 架歼 15 有不少的核心零件，是方文墨和他的班组做出来的。在工业化时代，尽管很多零件都可以自动化生产，但是有的战机零件因为数量少、加工精度高、难度大，还是需要手工打磨的。

蒙着眼睛也能打磨出极限精度

不靠眼睛，纯粹凭手感，能不能加工出一样完美的产品呢？当方文墨在 1m 高的操作台前站定，一边的三个徒弟都屏住了呼吸，看他加工这块原材料。方文墨加工之前，测量表的指针在一格到两格之间晃动，表明这个工件表面最高点和最低点的高度差在 0.01 ~ 0.02mm 之间；方文墨蒙上眼睛加工以后，量表的指针只有极细微的晃动，工件的精度达到了 0.003mm。

在徒弟们的眼中，师傅方文墨简直就是一个奇才——25 岁成为高级技师，拿到钳工的最高职业资格；26 岁参加全国青年职业技能大赛，夺得钳工冠军。29 岁，他成为中航工业最年轻的首席技能专家。教科书上，人的手工锉削精度极限是 0.010mm。而方文墨加工的精度达到了 0.003mm，相当于头发丝的 1/25，这是数控机床都很难达到的精度。中航工业将这一精度命名为——"文墨精度"。

项目十七　坦克模型车身加工

【学习目标】

熟练掌握锉削、划线、钻孔、锯削等基本操作技能。

一、课前检查

整理队伍；组织考勤；把手机等贵重物品存放到指定位置。

二、工具、量具、材料准备

工具：12寸扁平粗锉刀、8inch扁平锉刀、手锯、划线平台、样冲、铁锤、钻头（$\phi 7$、$\phi 10$）、钻床、5mm六角匙。

量具：刀口直角尺、游标卡尺、高度游标卡尺。

材料：A3钢板≥108×71×10（长×宽×厚，mm），如图1-17-1所示。

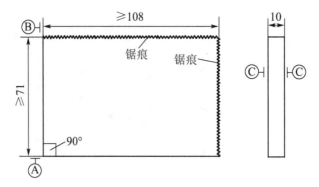

图1-17-1　坦克车身毛坯件

三、实习任务

按照坦克模型图（图1-17-2）和车身图纸（图1-17-3）要求加工所需的零件，如图1-17-4所示。

思考：

（1）你能看懂图1-17-3标出的要求吗？能指出这次任务涉及的具体工作吗？

（2）如何保证坦克车身中孔的位置上下、左右对称？

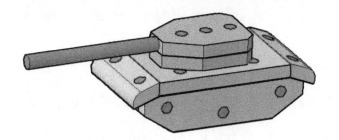

图 1 - 17 - 2 坦克模型

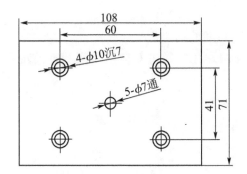

图 1 - 17 - 3 坦克车身图纸

图 1 - 17 - 4 坦克车身成品

四、加油站（相关知识）

（一）普通螺纹

1. 普通螺纹的主要参数

普通螺纹的主要参数如图 1 - 17 - 5 所示。

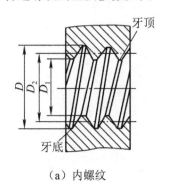

（a）内螺纹

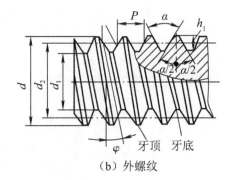

（b）外螺纹

图 1 - 17 - 5 普通螺纹的参数

螺纹大径（D，d）：与外螺纹牙顶或内螺纹牙底相重合的假想圆柱面的直径。一般定为螺纹的公称直径。

螺纹中径（D_2，d_2）：指一个假想圆柱面的直径，该圆柱的母线通过牙型上沟槽和凸起宽度相等的地方。

螺纹小径（D_1，d_1）：与外螺纹牙底或内螺纹牙顶相重合的假想圆柱面的直径。

螺纹升角（φ）：在中径圆柱上，螺旋线的切线与垂直于螺纹轴线的平面之间的夹角。

牙型角（α）：在螺纹牙型上，相邻两牙侧间的夹角，普通螺纹牙型角$\alpha = 60°$。

牙型高度（h_1）：在螺纹牙型上，牙顶到牙底在垂直于螺纹轴线方向上的距离。

螺距 P——相邻两牙在中径上对应两点间的轴向距离。

导程 P_h——同一条螺旋线上的相邻两牙在中径上对应两点间的轴向距离，如图 1-17-6 所示。其中

$$P_h = ZP$$

式中，Z——螺纹线数。

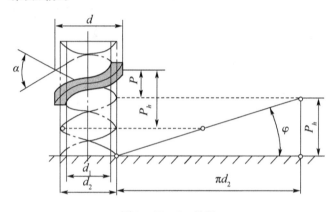

图 1-17-6 导程

2. 普通螺纹的代号标注

普通螺纹的代号标注如图 1-17-7 和图 1-17-8 所示。

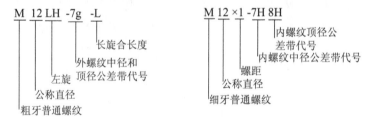

图 1-17-7 粗牙   图 1-17-8 细牙

注意：

（1）细牙螺纹的每一个公称直径对应着数个螺距，因此必须标出螺距值，而粗牙普通螺纹不标螺距。

（2）右旋螺纹不标注旋向代号，左旋螺纹则用 LH 表示。

（3）旋合长度有长旋合长度 L、中等旋合长度 N 和短旋合长度 S 三种，中等旋合长度 N 不标注。

（4）公差带代号中，前者为中径公差带代号，后者为顶径公差带代号，两者一致时则只标注一个公差带代号。内螺纹用大写字母，外螺纹用小写字母。

五、实习步骤

（1）按图 1-17-3 图纸要求加工车身板的外围尺寸，保证 D⊥A，C⊥B，如图 1-17-9 所示。

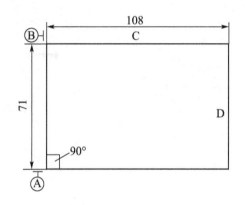

图 1-17-9 锉削

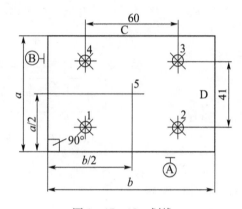

图 1-17-10 划线

（2）划线：按图 1-17-3 的图纸要求分别以 A，B 为基准面划线，线条要求清晰保证孔距，以及孔的位置上下对称，如图 1-17-10 所示。

（3）钻孔：检查车身板的划线位置是否正确，然后打样冲，钻 5-ϕ7 通孔和 4-ϕ10 深 7 的沉孔，如图 1-17-11 所示。

（4）履带和车身板配合打样冲：将两套配合好的履带按图纸要求划线打样冲，保证履带的孔位置与车身板四个沉孔的位置一致，如图 1-17-12 所示。

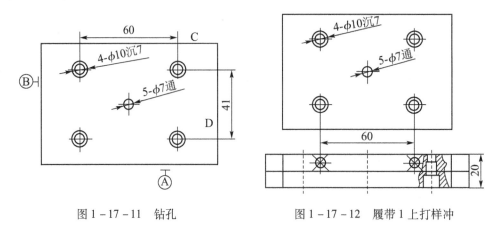

图 1 - 17 - 11　钻孔　　　　　　　　图 1 - 17 - 12　履带 1 上打样冲

（5）钻孔、攻螺纹：检查两套履带样冲孔的位置是否正确，然后钻 4 - φ5 深 15 沉孔，攻螺纹 4 - M6 深 10，如图 1 - 17 - 13 所示。

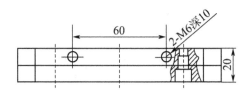

图 1 - 17 - 13　履带 1 上钻孔攻和螺纹

（6）用 4 枚内六角螺丝（M6 × 16）将车身板与两套履带连接，如图 1 - 17 - 14 所示。

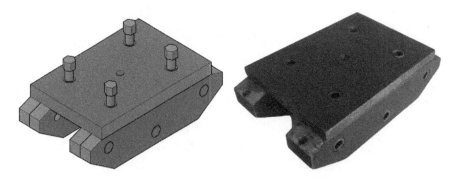

图 1 - 17 - 14　效果图和实物图

六、注意事项

（1）锉削过程中不能用嘴吹切屑或用手清理切屑，以防伤眼或伤手。

（2）锉屑嵌入齿缝时必须用钢刷清除，不允许用手直接清除。

（3）划线前去除毛坯件上的毛刺，以提高划线精度及防止刮伤手指。

（4）合理选择划线基准，将工件表面涂色，校准游标高度尺，划出的线条要准确、清晰。

（5）划线后检查孔的中心尺寸，并打好样冲眼。

（6）钻孔时工件要夹紧，严禁开机状态下拆装工件和变换主轴转速。

（7）加工过程中必须有质量意识，避免产生废件。

七、考核评价

序号	项目要求	配分	自测	自评	老师测	老师评
1	108 ± 0.2	10 分				
2	71 ± 0.2	10 分				
3	60 ± 0.03	10 分				
4	41 ± 0.03	10 分				
5	ϕ7 通孔（5 处）	30 分				
6	ϕ10 沉孔（4 处）	24 分				
7	Ra 3.2	6 分				
8	安全文明生产	违反一项扣 10 分				
			得分：		得分：	

八、课后作业

（1）普通三角螺纹的牙型角为（   ）。

　　A. 30°　　　　　B. 40°　　　　　C. 55°　　　　　D. 60°

（2）梯形螺纹的牙型角为（   ）。

　　A. 30°　　　　　B. 40°　　　　　C. 55°　　　　　D. 60°

（3）M24×1.5 - 5g6g 是螺纹标记，5g 表示中径公差等级为（   ），基本偏差的位置代号为（   ）。

　　A. g，6 级　　　B. g，5 级　　　C. 6 级，g　　　D. 5 级，g

（4）Tr30×6 表示（   ）螺纹，旋向为（   ）螺纹，螺距为（   ）mm。

　　A. 矩形，右，12　　　　　　　　B. 三角，右，6

　　C. 梯形，左，6　　　　　　　　D. 梯形，右，6

（5）梯形螺纹测量一般是用三针测量法测量螺纹的（   ）。

　　A. 大径　　　　B. 中径　　　　C. 底径　　　　D. 小径

九、工匠精神励志篇

王刚： 铁汉柔情，精造国防利器

中航工业沈飞集团，这里曾经培育了"忠魂永驻海天间"的我国首艘航母舰载机歼15研制总指挥罗阳，这里也涌现了创造"0.003mm加工公差"（"文墨精度"）奇迹的方文墨……这里还有另一个创造了0.002mm精度极限的"大国工匠"——王刚，他加工的铝片能薄如A4纸般的0.1mm；他加工的铣床铣削能达到0.005mm；小孔的铰削技术更能达到0.002mm的精度极限。

加工精度达到0.005mm背后的初心

俗话说，"不想当将军的士兵不是好士兵"。同样，"不想当大国工匠的匠人不是好匠人"。在一次沈飞公司领导去波音公司参观学习回来的交流会上，王刚得知其中一展示工件加工精度达到0.25mm，而当时王刚的徒弟能达到0.3mm的精度。王刚心里便暗暗较起劲来，"他们能做到，我们一定能做得更好，我一定要超过他们。"

紧接着，王刚开始紧锣密鼓地进行加工实验，把最小的加工壁厚挑战到薄如A4纸的0.1mm。"钳工怕钻眼，铣工怕铣扁"，0.1mm已是在挑战自我极限了，但是王刚并不满足。经过不间歇的反复实验，王刚迎来了自己技能的新高度——铣床铣削加工的手工精度达0.005mm。

工匠精神代代相传，完成不可能实现的任务

2010年9月19日，在沈飞的厂房里，军事化管理的首支以员工名字命名的班组——中航工业沈飞数控加工厂王刚班组成立。在不到5年的时间里，荣获了全国工人先锋号、全国"安康杯"竞赛先进班组、中央企业先进集体、沈阳市先进集体、沈阳工人先锋号等称号，一年迈上一个新台阶。由他率领的团队不仅攻克了413项科研生产重大技术和质量难题，还发明了12项国家专利，创造经济效益1.9176亿元。

2011年，在某型号生产研制关键阶段，王刚带领他的年轻团队创造了全部产品"零缺陷"交付的奇迹。在新机试制生产阶段，恰恰是问题高发的时期，质量问题、研制生产阶段各种问题都会随之而来。这一次，他们完成了几乎不可能实现的任务，这在沈飞研制历史上还是首例。

项目十八 坦克模型挡板加工

【学习目标】

（1）熟练掌握锉削、划线、配钻、攻螺纹等基本操作技能。

（2）掌握锉削圆弧、斜面的方法，会使用游标万能角度尺测量角度。

一、课前检查

整理队伍；组织考勤；把手机等贵重物品存放到指定位置。

二、工具、量具、材料准备

工具：12inch 扁平粗锉刀、8inch 扁平锉刀、手锯、划线平台、样冲、铁锤、钻头（$\phi7$、$\phi10$）、钻床、5mm 六角匙。

量具：刀口直角尺、游标卡尺、游标万能角度尺。

材料：A3 钢板 $\geqslant 71 \times 25 \times 10$（长×宽×厚，mm）两件，如图 1-18-1 所示。

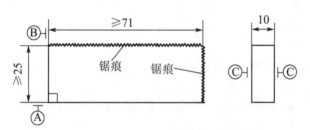

图 1-18-1 坦克挡板毛坯件

三、实习任务

按照坦克模型（图 1-18-2）和挡板图纸（图 1-18-3）要求，加工所需的零件，如图 1-18-4 所示。

思考：

（1）你能看懂图 1-18-3 标出的要求吗？能指出这次任务涉及的具体工作吗？

（2）如何在毛坯上锉削圆弧和斜面？

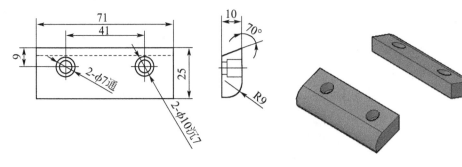

图 1-18-2 坦克模型

图 1-18-3 挡板图纸   图 1-18-4 挡板成品

四、加油站（相关知识）

（一）外圆弧锉削方法

1. 锉削工具

锉削工具是扁锉。

2. 检测工具

检测工具是半径样板（R 规）。

3. 锉刀的运动

锉削时锉刀要同时完成两个运动：前进运动和锉刀绕工件圆弧中心的转动。

4. 锉削外圆弧面的方法

锉削外圆弧面的方法有两种（如图 1-18-5）。

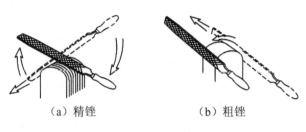

（a）精锉   （b）粗锉

图 1-18-5 锉削外圆弧面的方法

（1）对着圆弧面锉（粗锉）。锉削时，锉刀作直线运动，并不断随圆弧面摆动。

（2）顺着圆弧面锉（精锉）。锉削时，锉刀向前，右手下压，左手随着上提。

（二）游标万能角度尺的使用

1. 结构

游标万能角度尺的结构如图 1-18-6 所示。

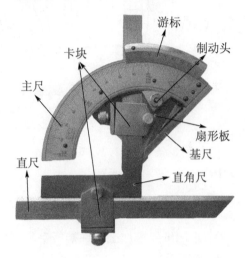

图 1-18-6 万能角度尺的结构

2. 使用方法

（1）测量 0°～50°之间的角度：装上角尺和直尺，被测部位放在基尺和直尺的测量面之间进行测量。

（2）测量 50°～140°之间的角度：卸掉角尺，装上直尺，被测部位放在基尺和直尺的测量面之间进行测量。

（3）测量 140°～230°之间的角度：卸掉直尺，装上角尺，被测部位放在基尺和直尺的测量面之间进行测量。

（4）测量 230°～320°之间的角度：卸掉直尺和角尺，被测部位放在基尺和直尺的测量面之间进行测量。

3. 刻线原理

万能角度尺的测量精度有 5′和 2′两种。

其中，精度为 2′的万能角度尺刻线原理为：尺身刻线每格 1°，游标刻线是将尺身上 29°所占的弧长等分为 30 格，每格所对的角度为（29/30）°，因此游标 1 格与尺身 1 格相差：1°－（29/30）°＝2′，即万能角度尺的测量精度。

4. 读数方法

第一步：读整数——在尺身上读出位于游标零线左边最接近的整数值。

第二步：读小数——用游标上与尺身刻线对齐的刻线格数，乘以万能角度尺的测量精度值，读出小数部分。

第三步：求和——整数＋小数，即为被测尺寸。

5. 举例（如图 1－18－7）

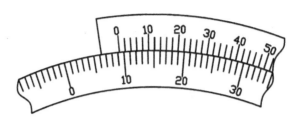

图 1－18－7　游标万能角度尺读数举例

（1）整数读数为：9°。

（2）小数读数：游标上第 8 条刻线与尺身刻线对齐，即读数为 8×2′＝16′。

（3）被测尺寸：9°16′。

五、实习步骤

（1）按图 1－18－3 所示图纸要求加工 2 件挡板毛坯料的外围尺寸，保证 D ⊥A，C⊥B，如图 1－18－8 所示。

（2）划线：按图 1－18－3 所示的图纸要求分别以 A、B 为基准面划线，线条要求清晰，保证孔距，以及孔的位置左右对称，如图 1－18－9 所示。

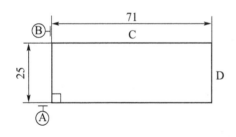

图 1－18－8　加工挡板外围尺寸

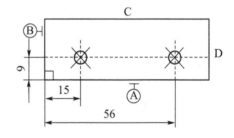

图 1－18－9　划线

（3）钻孔：检查 2 件挡板毛坯件的划线位置是否正确，然后打样冲，钻 2－φ7 通孔和 2－φ10 深 7 的沉孔，如图 1－18－10 所示。

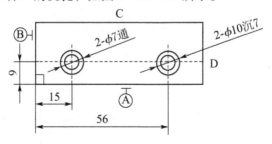

图 1－18－10　钻孔

（4）按图 1 - 18 - 3 所示图纸要求划线、锯削、锉削，并保证尺寸，如图 1 - 18 - 11 所示。

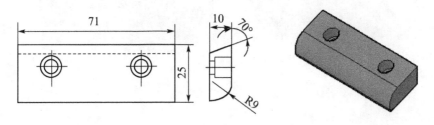

图 1 - 18 - 11　划线、锯削、锉削

（5）履带、车身板和挡板配合打样冲：按图纸要求划线打样冲，保证履带的孔位置与挡板两个沉孔的位置一致，如图 1 - 18 - 12 所示。

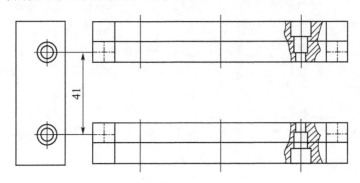

图 1 - 18 - 12　配合打样中

（6）钻孔、攻螺纹：检查履带样冲孔的位置是否正确，然后钻 4 - ϕ5 深 15 沉孔，攻螺纹 4 - M6 深 10，如图 1 - 18 - 13 所示。

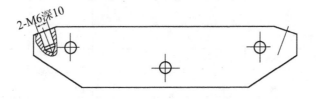

图 1 - 18 - 13　钻孔和攻螺纹

（7）用 4 枚内六角螺丝（M6 × 16）将挡板、两套履带与车身板连接，如图 1 - 18 - 14 所示。

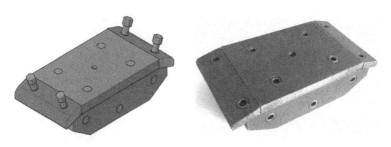

图 1 – 18 – 14　效果图与实物图

六、注意事项

（1）由于工件尺寸较小，装夹毛坯件时注意毛坯伸出的尺寸，避免影响锉削质量。

（2）锉削过程中不能用嘴吹切屑或用手清理切屑，以防伤眼或伤手。

（3）锉屑嵌入齿缝时必须用钢刷清除，不允许用手直接清除。

（4）划线前去除毛坯件上的毛刺，提高划线精度及防止刮伤手指。

（5）合理选择划线基准，将工件表面涂色，校准游标高度尺，划出的线条要准确、清晰。

（6）划线后检查孔的中心尺寸，并打好样冲眼。

（7）钻孔时工件要夹紧，严禁开机状态下拆装工件和变换主轴转速。

七、考核评价

序号	项目要求	配分	自测	自评	老师测	老师评
1	71 ± 0.2	10 分				
2	25 ± 0.2	10 分				
3	41 ± 0.03	10 分				
4	9 ± 0.03	10 分				
5	ϕ7 通孔（2 处）	16 分				
6	ϕ10 沉孔（2 处）	16 分				
7	70°	11 分				
8	R9	11 分				
9	Ra3.2	6 分				
10	安全文明生产	违反 一项扣 10 分				
			得分：		得分：	

八、课后作业

（1）锉削外圆弧面时，采用对着圆弧面锉削的方法适用于（　　）场合。

    A. 粗加工　　　　B. 精加工　　　　C. 半精加工　　　D. 粗加工和精加工

（2）锉削外圆弧面采用的是板锉，要完成的运动是（　　）。

    A. 前进运动

    B. 锉刀绕工件圆弧中心的转动

    C. 前进运动和锉刀绕工件圆弧中心的转动

    D. 前进运动和随圆弧面向左或向右移动

（3）锉削内圆弧面时，锉刀要完成的动作是（　　）。

    A. 前进运动和锉刀绕工件圆弧中心的转动

    B. 前进运动和随圆弧面向左或向右移动

    C. 前进运动和绕锉刀中心线转动

    D. 前进运动、随圆弧面向左或向右移动和绕锉刀中心线转动

（4）万能角度尺在 $0° \sim 50°$ 范围内，应装上（　　）。

    A. 角尺和直尺　　　B. 角尺　　　　C. 直尺　　　　D. 夹块

（5）万能角度尺在（　　）范围内，应装上角尺。

    A. $0° \sim 50°$　　　　　　　　　B. $50° \sim 140°$

    C. $140° \sim 230°$　　　　　　　　D. $230° \sim 320°$

（6）万能角度尺在（　　）范围内，不装角尺和直尺。

    A. $0° \sim 50°$　　　　　　　　　B. $50° \sim 140°$

    C. $140° \sim 230°$　　　　　　　　D. $230° \sim 320°$

（7）万能角度尺是用来测量工件（　　）的量具。

    A. 内外角度　　B. 外圆弧度　　　C. 内圆弧度　　　D. 直线度

（8）万能角度尺按其游标读数值可分为（　　）两种。

    A. 2′和8′　　　B. 5′和8′　　　C. 2′和5′　　　D. 2′和6′

九、工匠精神励志篇

李斌：三十六年如一日　大国工匠如何坚守

    1980 年，从技校毕业的李斌进入当时的上海电气液压泵厂成为一名工人。由于在工作岗位上的优异表现，李斌在 1986 年被工厂派到瑞士一家工厂学习数控机床的操作。

    当时我国工厂普遍使用的还是原始的传统机床，数控机床几乎没有。外国的

技术工人没有人愿意教他们，李斌就自己在一边观摩；程序看不懂，李斌就写在本子上慢慢研究。一段时间后，他对数控机床有了更深的认识，工作之余也抽时间开始练习机床的操作方式。终于有一天机会来了，工厂接到一个急活，但是当时正处于瑞士的公共假期，大部分技术工人已经放假回家，没人能加工这个产品。此时李斌自告奋勇，在众人质疑的目光中圆满完成了加工任务。"从此以后外国工人看我的眼神都不一样了。"李斌说。交换期满后，外国企业的负责人开玩笑地对李斌说："你别走了，我们愿意用一台数控机床来换你。"

自主创新让中国制造扬眉吐气

在工厂工作最初的 20 多年间，李斌和同事共完成工艺攻关项目 230 余项，自主设计刀具 180 多把，改进工装夹具 80 多副，完成工艺编程 1 600 多个，开发新产品 57 项。其中对于液压泵技术的创新改进，让国产液压泵跻身国际先进水平。液压泵是李斌所在工厂的主要产品之一。受制于技术水平，国产液压泵的最高转速总在每分钟 2 000 转以下，而世界最高水平每分钟能达到 6 000 转。为保证质量，我国高端工程机械配套的高端液压泵大部分依赖进口。面对这种情况，李斌和他的工作团队主动向上级提出承担"高压轴向柱塞泵/马达国产化关键技术"的攻关任务，决心彻底改变我国液压技术的落后面貌。

那段时间，"周末不休息、周中加班做"成为李斌和工友的常态。经过 200多次试验，他们终于将 11 个关键技术一一攻破，使自产液压泵的工作压力由 250kg 上升到 350kg，转速由每分钟 1 500 转上升到每分钟 6 000 转，主要技术性能达到了国内领先、国际先进水平。这个项目先后荣获中国机械工业科技进步一等奖、国家科技进步二等奖，李斌也成为全国少数几个获得国家科技进步奖项的一线技术工人。

项目十九 坦克模型炮塔加工

【学习目标】

熟练掌握锉削、锯削、划线、钻孔、攻螺纹、套螺纹等基本操作技能。

一、课前检查

整理队伍；组织考勤；把手机等贵重物品存放到指定位置。

二、工具、量具、材料准备

工具：12inch 扁平粗锉刀、8inch 扁平锉刀、手锯、划线平台、划针、样冲、铁锤、钻床、钻头（ϕ5、ϕ7、ϕ10）、M6 丝锥和铰杠、M6 板牙和板牙架、5mm 六角匙。

量具：刀口直角尺、游标卡尺、高度游标卡尺。

材料：A3 钢板≥70×50×10（长×宽×厚，mm）两件，圆钢 ϕ10×120，如图 1-19-1、图 1-19-2 所示。

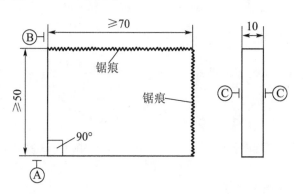

图 1-19-1 坦克炮塔毛坯件

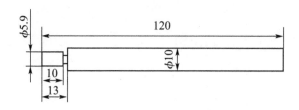

图 1-19-2 炮筒毛坯件

三、实习任务

按照坦克模型（图 1 – 19 – 3）和炮塔图纸（图 1 – 19 – 4、图 1 – 19 – 5）要求，加工所需的零件，如图 1 – 19 – 6 所示。

思考：

（1）你能看懂图 1 – 19 – 4、图 1 – 19 – 5 标出的要求吗？能指出这次任务涉及的具体工作吗？

（2）如何快速地将炮塔（2 件）加工出来？

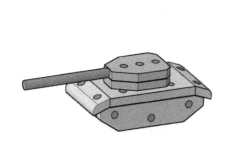

图 1 – 19 – 3　坦克模型

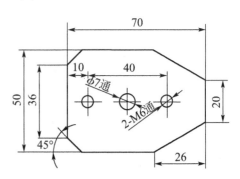

图 1 – 19 – 4　炮塔 1 图纸

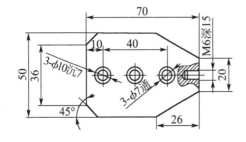

图 1 – 19 – 5　炮塔 2 图纸

图 1 – 19 – 6　炮塔成品

四、加油站（相关知识）

（一）套螺纹

1. 概念

用板牙在圆杆或管子上切削出外螺纹的加工方法称为套螺纹。

2. 工具

（1）板牙

板牙是加工外螺纹的工具，由切削部分、校准部分和排屑孔组成。板牙两端面都有切削部分，待一端磨损后，可换另一端使用。

（2）板牙架（图 1 - 19 - 7）。

板牙架是装夹板牙的工具，板牙放入后，用螺钉紧固。

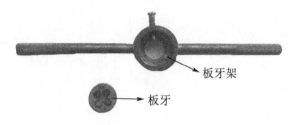

图 1 - 19 - 7　板牙架和板牙

3. 套螺纹前圆杆直径的确定

套螺纹时，金属材料因受板牙的挤压而产生变形，牙顶将被挤得高一些，所有套螺纹前圆杆直径应稍小于螺纹大径。圆杆直径计算公式为

$$d_{杆} = d - 0.13P$$

式中　$d_{杆}$——套螺纹前圆杆直径，mm；

　　　d——螺纹大径，mm；

　　　P——螺距，mm。

4. 套螺纹的操作要点

（1）套螺纹前应将圆杆端部倒成 15° ~ 20° 的锥体，锥体的最小直径要比螺纹小径小。

（2）为了使板牙切入工件，在转动板牙时施加轴向压力，待板牙切入工件后停止再施压。

（3）切入 1 ~ 2 圈时，要注意检查板牙的端面与圆杆轴线的垂直度。

（4）套螺纹过程中，板牙要时常倒转一下进行断屑，并合理选用切削液。

五、实习步骤

（1）按图 1 - 19 - 4、图 1 - 19 - 5 的图纸要求，加工 2 件炮塔毛坯料的外围尺寸，保证 D⊥A，C⊥B，以及两件工件的大小一样，如图 1 - 19 - 8 所示。

（2）划线：按图 1 - 19 - 4、图 1 - 19 - 5 的图纸要求，分别以 A，B 为基准面划线，线条要求清晰，保证两件工件中 1 ~ 3 的中心点重合，并保证孔的位置上下对称，如图 1 - 19 - 9 所示。

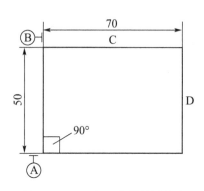

图1-19-8　加工炮塔外围尺寸

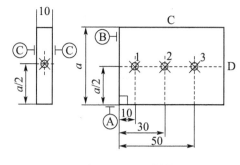

图1-19-9　划线

（3）钻孔、攻螺纹：检查件①的划线位置是否正确，然后打样冲，钻 $2 \times \phi5$ 和 $\phi7$ 通孔，攻螺纹 2-M6，如图 1-19-10 所示。

（4）钻孔、攻螺纹：检查件②的划线位置是否与件①的螺纹孔对应，然后打样冲，钻 $3-\phi7$ 通孔，钻 $3-\phi10$ 深 7 沉孔，$\phi5$ 深 15 沉孔，攻螺纹 M6 深 10，如图 1-19-11 所示。

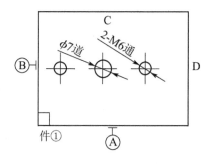

图1-19-10　件①钻孔和攻螺纹

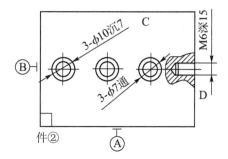

图1-19-11　件②钻孔和攻螺纹

（5）将件①与件②用 2 枚内六角螺丝（M6×16）固定成一件，如图 1-19-12 所示。

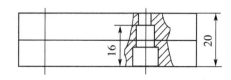

图1-19-12　螺丝连接

（6）按图 1-19-4 与图 1-19-5 的图纸要求划线，先用游标高度尺，分别以 A 和 B 为基准，画出交点 1～8，再使用划针和钢直尺将各点连接起来，如图 1-19-13 所示。

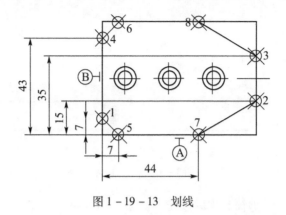

图 1 - 19 - 13　划线

（7）按图 1 - 19 - 4 与图 1 - 19 - 5 的图纸要求锯削炮塔，如图 1 - 19 - 14 所示。

（8）按图 1 - 19 - 4 与图 1 - 19 - 5 的图纸要求对炮塔进行锉削，并保证尺寸，如图 1 - 19 - 15 所示。

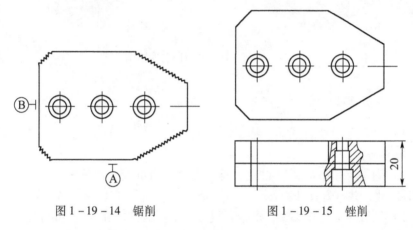

图 1 - 19 - 14　锯削　　　　　　　　图 1 - 19 - 15　锉削

（9）用 1 枚内六角螺丝（M6×35）和螺母将炮塔与车身板连接，如图 1 - 19 - 16 所示。

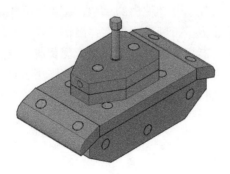

图 1 - 19 - 16　螺丝连接

（10）套螺纹：按图 1-19-2 的图纸要求，利用 M6 板牙和板牙架在 $\phi5.9$ 上切削出外螺纹，如图 1-19-17 所示。

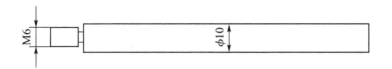

图 1-19-17　套螺纹

（11）组装：将炮筒和炮塔连接，如图 1-19-18 所示。

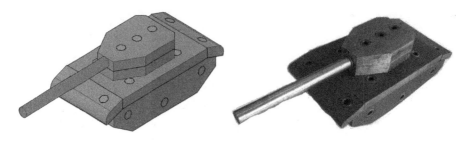

图 1-19-18　效果图与实物图

六、注意事项

（1）合理选择划线基准，将工件表面涂色，校准游标高度尺，划出的线条要准确、清晰。

（2）炮塔 1 和炮塔 2 应同时划线，避免孔的位置出现偏差，划线后检查孔的中心尺寸，并打好样冲眼。

（3）钻孔时工件要夹紧，严禁开机状态下拆装工件和变换主轴转速。

（4）攻丝前必须给螺纹底孔倒角，攻丝时要加切削液。

（5）攻丝要经常退削，以免丝锥断裂。

（6）装夹毛坯件时注意毛坯伸出的尺寸，避免影响锯削质量。

（7）锯削时要防止锯条折断从锯弓上弹出伤人。

（8）锉削过程中不能用嘴吹切屑或用手清理切屑，以防伤眼或伤手。

（9）锉屑嵌入齿缝时必须用钢刷清除，不允许用手直接清除。

（10）套螺纹前应将板牙排屑槽内及螺纹内的切屑清除干净。

七、考核评价（一对炮台）

序号	项目要求	配分	自测	自评	老师测	老师评
1	70±0.2	5分				
2	50±0.2	5分				
3	36±0.2	5分				
4	20±0.2	5分				
5	26±0.2	5分				
6	40±0.03	5分				
7	10±0.03	5分				
8	45°	5分				
9	M6内螺纹（3处）	15分				
10	螺纹垂直度（2处）	6分				
11	ϕ7通孔（4处）	20分				
12	ϕ10沉孔（3处）	15分				
13	Ra 3.2	4分				
14	安全文明生产	违反一项扣10分				
			得分：		得分：	

八、课后作业

（1）套螺纹时，板牙切削刃对材料产生挤压，因此套螺纹前工件直径必须（　）螺纹小径。

　　A. 稍大于　　B. 稍小于　　C. 稍大于或稍小于　　D. 等于

（2）套螺纹时在工件端部倒角，板牙开始切削时（　　）。

　　A. 容易切入　　B. 不易切入　　C. 容易折断　　D. 不易折断

（3）用板牙套螺纹时，当板牙的切削部分全部进入工件后，两手用力要（　）地旋转，不能有侧向的压力。

　　A. 较大　　B. 很大　　C. 均匀、平稳　　D. 较小

（4）在板牙套入工件2～3牙后，应及时从（　　）方向用90°角尺进行检查，并不断校正至要求。

　　A. 前后　　B. 左右　　C. 前后、左右　　D. 上下、左右

九、工匠精神励志篇

马宇：用时光作为粘合剂， 毫厘之间， 重现旷世兵马俑

兵马俑是世界第八大奇迹，但刚出土的时候，两千多年的历史积尘已经把它们压成碎片。如何让这个碎片化的历史文化奇迹完整地挺立起来，成了一个巨大的难题。

马宇是最早接触这项工作的成员之一。兵马俑深埋地下两千多年，大部分陶片和地下环境已经形成了稳定的平衡关系，突然出土，它们的存身环境发生了巨大改变。为了避免环境变化对文物造成二次损害，大量修复工作都是在现场进行。

由于年代久远，兵马俑陶片表面非常脆弱，修复人员用刮刀清理的时候，既要刮净泥土，又要保证文物的完好，走刀的分寸拿捏极为较劲。为了练就这项技艺，马宇在修复兵马俑之前，花了两年时间，在仿制的陶片上用手术刀不停地磨练手感，走了上千万刀，才把握住毫厘之间的分寸。

在拼接兵马俑的过程中，只要有一块陶片位置出现错误，那么整个拼接过程就必须重来。而拼接难度最大的是那些体积小、图案较少的陶片。为了一块陶片，马宇有时需要琢磨十多天，反复预演数十次，甚至上百次。

马宇参与了近20年来秦兵马俑修复工作的各个阶段，兵马俑的第一件戟、第一件石铠甲、第一件水禽都是马宇修复的。两千多年前的雕塑品在马宇手中获得了第二次艺术生命，形象讲述了那个时代的文化风貌。

没有两块碎片是完全一样的，没有任何一尊兵马俑雕像的拼接问题是相同的。每一块拼接都是新的挑战，每一次的块体比对都是新问题的研判。在貌似重复中不断应对新问题，修复者们把这份工匠式劳作变成了艺术和学问，他们是国家文化使命的真正有力承担者。

第二部分

机械传动

项目一 亚龙 YL-237 型机械装调装置概述

【学习目标】

(1) 了解亚龙 YL-237 型机械装调装置的构成及技术参数。
(2) 掌握对装置进行运行和调试的方法及其操作要点。

一、课前检查

整理队伍；组织考勤；把手机等贵重物品存放到指定位置。

二、课前准备

(1) 调整好变速箱的挡位，一般先调到低速挡。
(2) 盘车检查装置的各部分机构是否处于正常状态。
(3) 确保没有存在影响装置正常运作的安全隐患，做好润滑工作。

三、实习任务

通过对亚龙 YL-237 型机械装调装置进行运行和调试，熟悉该装置的结构与特点、主要参数、传动顺序及关系，并掌握其运行调试的操作步骤和要点。

四、加油站（相关知识）

（一）亚龙 YL-237 型机械装调装置的构成及技术参数

亚龙 YL-237 型机械装调装置具有较高的精度，结构布置合理，比较直观地将工业产品转化为教学仪器，主要是为了加强学生对工业产品的认识。其构成如图 2-1-1 所示。

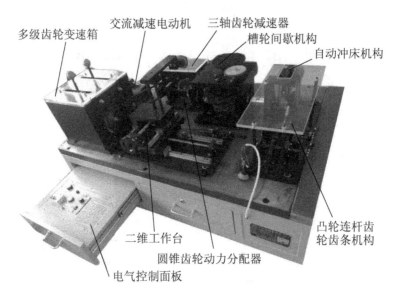

图 2 - 1 - 1　实训工作台外观结构

其技术参数见表 2 - 1 - 1。

表 2 - 1 - 1　亚龙 YL - 237 型机械装调装置技术参数

功　能	名　称	技　术　参　数
	实训台	整机外形尺寸：1 800mm ×800mm ×800mm
动力部分	输入电源	交流电源：电压 220V，频率 50Hz
	交流减速电动机	功率：25W～160kW；比数：1∶3～1∶1 800；电压：220V～380V
传动部分	多级齿轮变速箱	轴 2 齿轮：Z1（$z=42$，$m=2$）　Z2（$z=33$，$m=2.5$） 　　　　Z3（$z=20$，$m=2.5$）　Z4（$z=43$，$m=2.5$） 轴 1 齿轮：Z5（$z=30$，$m=2$）　Z6（$z=20$，$m=2.5$） 轴 3 齿轮：Z7A（$z=27$，$m=2.5$）　Z7B（$z=40$，$m=2.5$） 　　　　Z7C（$z=17$，$m=2.5$） 轴 4 齿轮：Z8A（$z=35$，$m=2.5$）　Z8B（$z=48$，$m=2.5$） 　　　　Z8C（$z=25$，$m=2.5$）　Z9（$z=48$，$m=2.5$）
	圆锥齿轮动力分配器	圆锥齿轮：Z11（$z=30$，$m=2$） 圆柱齿轮：Z12（$z=30$，$m=2$）
	三轴齿轮减速器	圆锥齿轮：Z13（$z=50$，$m=2$） 圆柱齿轮：Z14（$z=66$，$m=1.25$）　Z15（$z=50$，$m=1.25$） Z16（$z=39$，$m=2$）　Z17（$z=35$，$m=2$）

续表

功　能	名　称	技术参数
执行部分	槽轮间歇机构	齿轮：Z18（$z=20$，$m=2$） 蜗杆：（$z=1$，$m=2$） 蜗轮：Z11（$z=39$，$m=2$）
	自动冲床机构	冲头行程：$0 \sim 30$mm
	凸轮连杆齿轮齿条机构	齿轮：Z19（$z=20$，$m=2.5$）　　Z20（$z=20$，$m=2.5$） Z21（$z=18$，$m=2.5$）　　Z22（$z=20$，$m=2.5$） 齿条：（$z=26$，$m=2.5$）
	二维工作台	X轴上齿轮：Z10（$z=33$，$m=2.5$）

（二）装置的传动顺序及关系

亚龙 YL-237 型机械装调装置的传动顺序及关系如图 2-1-2 所示。

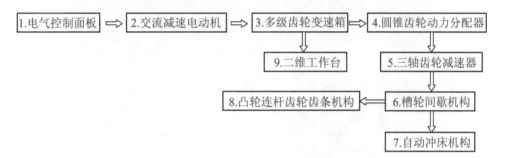

图 2-1-2　亚龙 YL-237 型机械装调装置的传动顺序及关系

五、实习步骤

装置的电气控制面板示意图如图 2-1-3 所示。实习步骤如下：

（1）将调速器上的调速旋钮逆时针（LOW）方向旋转到底（0 挡位置）。

（2）顺时针旋转两个"急停"按钮，以解除"急停"控制。当工作台运作过程中发生紧急情况时，需马上按下"急停"按钮，工作台会马上断电，停止运作。

（3）打开电源总开关，电源指示灯亮。

（4）将换向器按钮打到"正转"状态（正转——工作台往右，反转——工作台往左）。

（5）把调速器上的开关切换到"RUN"位置。

（6）按顺时针（HIGH）方向旋转调速旋钮，从 0 挡调到第 10 挡，观察其运行情况，并对比其不同点。

（7）当二维工作台碰到限位开关停止后，必须先通过"换向器"按钮改变二维工作台的运动方向，然后按下面板上的"复位开关"。当二维工作台离开限位开关后，松开"复位开关"。禁止在没有改变二维工作台运动方向的情况下就按下面板上的"复位开关"。

（8）结束调试前，先将调速器上的调速旋钮逆时针旋转到底（0挡位置），此时电机停止运行。

（9）把调速器上的开关切换到"STOP"位置，最后关闭电源总开关。

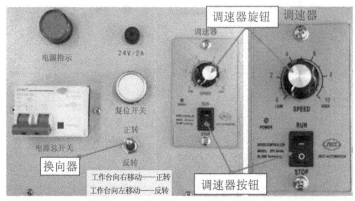

图 2-1-3　电气控制面板示意图

六、注意事项

（1）在调试前必须分清楚正转和反转时二维工作台的移动方向（正转——工作台往右，反转——工作台往左）。

（2）每次启动设备时，需要检查 X 导轨上的两个限位开关是否正常工作。

（3）每天检查一次 X 导轨左边限位的松紧程度，因为左边的限位开关只用一个螺丝进行紧固，容易松动而达不到限位的效果。

（4）当二维工作台碰到限位开关停止后，禁止在没有改变二维工作台运动方向的情况下就按下面板上的"复位开关"。

（5）在调试结束前，要把二维工作台移到导轨的中间位置，以免下次开机时发生超程。

七、考核评价

考核评价内容见表 2 - 1 - 2。

表 2 - 1 - 2　亚龙 YL - 237 型机械装调装置的运行与调试评分标准

序号	项目	要求	配分	得分
1	装配的完整性、传动的完整性、平稳性及调试前的盘车检查	装配要完整，盘车检查时要整体运动完整、平稳，没有卡阻和爬行现象	25 分	
2	调试前的润滑工作	调试前润滑各个运动部位	15 分	
3	在老师的允许后才能进行通电调试	掌握电源总开关、急停按钮、复位开关、正反转开关和调速器的使用方法	25 分	
4	二维工作台调整	能把二维工作台移到要求的位置	10 分	
5	劳保用品穿戴	鞋子符合要求；工装衣袖口穿戴符合要求	5 分	
6	工具、量具、检具	工具、量具、检具摆放整齐；使用规范	10 分	
7	安全文明生产	周围人员及自身安全	5 分	
		各防护、保险装置安装牢固		
		检查机器内是否有遗留物		
8	废油、废弃物处理	对使用过的废油处理符合要求	5 分	
		废弃物处理符合要求		

八、场室整理

按学校 7S 管理要求进行整理，如图 2 - 1 - 4 所示。

（a）保持场室的干净整洁

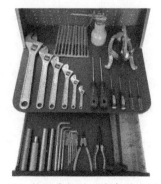

（b）按要求摆放整齐各种工具

（c）保持讲台的干净整洁　　　　　（d）按要求摆放清洁工具

图 2 - 1 - 4　按 7S 管理要求整理场室

九、课后作业

（1）亚龙 YL - 237 型机械装调装置主要分动力部分、（　　　）和执行部分。

　　　A．润滑部分　　　　　　B．传动部分　　　　　　C．连接部分

（2）在调试前必须分清楚换向器对二维工作台的控制方向，（　　　）时工作台往右移动，（　　　）时工作台往左移动。

　　　A．反转　　　　　　　　B．旋转　　　　　　　　C．正转

（3）多级齿轮变速箱属于装置中的（　　　）部分，二维工作台属于装置中的（　　　）部分。

　　　A．动力部分　　　　　　B．传动部分　　　　　　C．执行部分

（4）在调试结束前，要把二维工作台移到导轨的（　　　）位置，以免在下次开机时发生超程。

　　　A．左边　　　　　　　　B．右边　　　　　　　　C．中间

（5）当二维工作台碰到限位开关停止后，（　　　）在没有改变二维工作台运动方向的情况下就按下面板上的"复位开关"。

　　　A．允许　　　　　　　　B．不一定　　　　　　　C．禁止

十、工匠精神励志篇

装配工逆袭成制造部经理——李更祥

　　李更祥原本是一名从事模具生产的技术工人。2003 年因工作变动，李更祥来到科杰公司，成为一名装配工，主要从事机械装配。他做了 7 年的手工模具生产，突然要重新开始与机器打交道，对他而言一切都要从零开始，但他并没有打怵，反而觉得十分有趣。

　　李更祥说刚入职时，什么都不懂，只能一点点学。从机械装配、气管油管装配、刮削调配到主轴，每一道生产工艺都要仔细研究，反复练习。凭着自身的专

业素质，以及从前工作经验的累积，李更祥很快就摸熟、摸透了雕铣机的生产工艺。尽管他已经熟悉了业务，但他并没有因此而马虎工作，反而对机床机械生产的每一个工序都严格要求，让自己安装的每一个工序的装配精度不断提升。就这样，李更祥从生产部一线工人做起，一步一个脚印，练就了扎实的基本工艺技术，并在
2012 年，通过自身的努力，成为该公司制造部经理。

项目二　多级齿轮变速箱的拆装与调整

【学习目标】

（1）理解变速箱的组成与工作原理，并能判断和分析常见的故障。
（2）掌握变速箱的正确拆装方法，特别是对轴承和圆柱直齿齿轮的拆装。

一、课前检查

整理队伍；组织考勤；把手机等贵重物品存放到指定位置。

二、课前准备

制定变速箱的拆装工艺流程；对照工（量）具清单，检查工具箱里的工（量）具是否齐全，并上报老师做好记录（工（量）具清单见附录）。

三、实习任务

（1）调挡，对变速箱进行空运转试验，理解其变速与变向的原理。
（2）按制定的工艺流程对变速箱进行拆装。
（3）对拆下来的零部件合理摆放，并作记录。

四、加油站（相关知识）

（一）多级齿轮变速箱的组成及工作原理
1. 组成
该机构由4根传动轴和2根变挡轴组成，如图2-2-1所示。
2. 传动轴
传动轴包括辅助传动轴1、输入轴2（与同步带轮相连）、花键轴3（输出端是链轮）和花键轴4（输出端是齿轮）。
3. 变挡轴（连接拨叉器）
变挡轴1通过拨叉器与花键轴3相连，变挡轴2通过拨叉器与花键轴4相连。

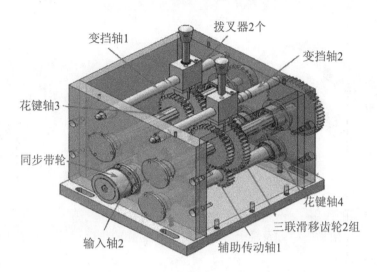

图 2 - 2 - 1　多级齿轮变速箱的组成

4．工作原理

花键轴 3 和轴 4 上各固定一个三联滑移齿轮，同时两轴也为输出轴。轴 3 输出端的链轮连接圆锥齿轮动力分配器，轴 4 输出端的齿轮连接二维工作台。输入轴 2 则是由电机通过同步带传动输入动力。

通过变挡轴带动拨叉器的滑移，可以实现各齿轮间不同的啮合，从而改变传动速度或传动方向，来达到换挡的目的。

（1）花键轴 4（受变挡轴 2 控制）。

①拨叉器在左端时：轴 1 两个齿轮同时啮合，输出轴正转。

②拨叉器在中间时：两对齿轮同时啮合，实现了传动方向的改变。

③拨叉器在右端时：传动方向并未发生改变，只是传动速度发生了变化，这是由于啮合时从动齿轮的大小发生了变化。

（2）花键轴 3（受变挡轴 1 控制）。

其换挡的原理和轴 4 相同，而轴 3 的换挡并不能起到换向的作用，只是起到变速作用。通过换挡变速，轴 3 输出端有三种不同的输出速度。

（二）轴与轴承

1．概念

轴是主要用于支撑转动构件，同时传递运动和动力的零件，如图 2 - 2 - 2 所示。

轴承是支撑轴及轴上回转零件的构件，轴承主要分滑动轴承（图 2 - 2 - 3）和滚动轴承（图 2 - 2 - 4）。

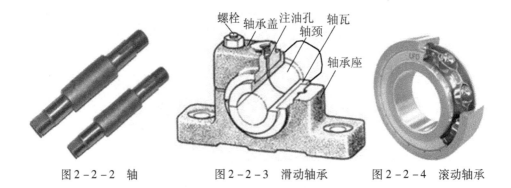

图2-2-2 轴   图2-2-3 滑动轴承   图2-2-4 滚动轴承

2. 轴承的作用

轴承的作用是支撑轴及轴上零件，保持轴的旋转精度；减少转子在旋转过程中的摩擦和磨损。

3. 滚动轴承的结构

滚动轴承的结构如图2-2-5所示。

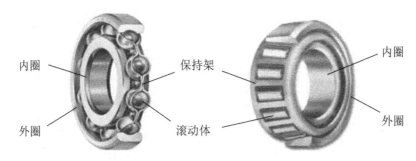

图2-2-5 滚动轴承的结构

（1）外圈——装在轴承座孔内，一般不转动。

（2）内圈——装在轴颈上，随轴转动。

（3）滚动体——滚动轴承的核心元件。

（4）保持架——将滚动体均匀隔开，避免摩擦。

（5）润滑剂也被认为是滚动轴承第五大件，它主要起润滑、冷却、清洗等作用。

4. 装拆滚动轴承的注意事项和步骤

（1）不允许通过滚动体来传力，以免造成滚道或滚动体损伤（图2-2-6）。

（2）由于轴承的配合较紧，装拆时关键是不要损害轴承内的滚动体、内外滚道，以免影响轴承的使用。装拆时应使用专门的工具，如冲击套筒和三爪拉马（图2-2-7）。

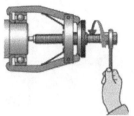

图 2 - 2 - 6　错误操作　　　　　　　　图 2 - 2 - 7　正确操作

（3）轴承的清洗：一般用柴油、煤油，根据运动部位要求，加入适量润滑剂。

（4）轴承的压入安装步骤：

① 如果轴承内圈与轴较紧配合、外圈与轴承座孔是较松配合时，可将轴承先压装在轴上，然后将轴连同轴承一起装入轴承座孔内。

② 如果轴承外圈与轴承座孔较紧配合、内圈与轴为较松配合时，可将轴承先压入轴承座孔内，然后将轴装入轴承内。

③ 如果轴承套圈与轴及轴承座孔都是紧配合时，安装时内圈和外圈要同时压入轴和轴承座孔。

（三）三爪拉马

三爪拉马是机械维修中的常用工具，用来将损坏的轴承或轮毂从轴上沿轴向拆卸下来，主要由螺旋杆和拉爪构成。使用时，将螺旋杆顶尖定位于轴端顶尖孔，调整拉爪位置，使拉爪挂钩于轴承外环，用扳手旋转螺旋杆，使拉爪带动轴承沿轴向外移动拆除，如图 2 - 2 - 8 所示。

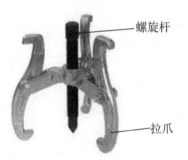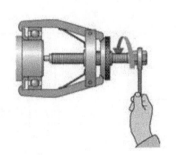

螺旋杆

拉爪

图 2 - 2 - 8　三爪拉马

（四）同步带

1. 组成

同步带传动一般由同步带轮和紧套在两轮上的同步带组成。同步带内周有等距的横向齿，如图 2 - 2 - 9 所示。

(a) 同步带　　　　　(b) 同步带轮　　　　　(c) 同步带传动

图 2-2-9　同步带的组成

2. 原理

同步带传动是一种啮合传动，依靠带内周的等距横向齿与带轮相应齿槽之间的啮合来传递运动和动力，两者无相对滑动，从而使圆周速度同步，故称为同步带传动，如图 2-2-10 所示。

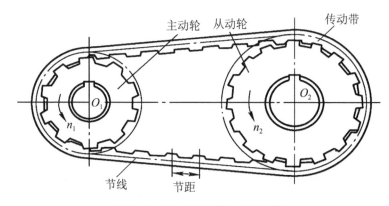

图 2-2-10　同步带的工作原理

3. 同步带的特点

同步带的特点见表 2-2-1。

表 2-2-1　同步带的特点

优　点	适用范围	缺　点
带与带轮无相对滑动，能保证准确的传动比	可实现定传动比传动	制造要求高，安装时对中心距要求严格，价格较贵
传动平稳，冲击小	适用于精密传动	
传递功率范围大，最高可达 200kW	适用于大至几千瓦、小至几瓦的传动，主要应用于传动比要求准确的中、小功率传动	
允许的线速度范围大，最高速度可达 80m/s	适用于高速传动	
无须润滑，省油且无污染	适用于许多行业，特别是食品行业	
传动机构比较简单，维修方便，运转费用低		

（五）直齿圆柱齿轮传动（简称直齿轮传动）

1. 原理

直齿轮通过两齿轮间的啮合来实现两平行轴之间的传动。外啮合时，齿轮的转向相反，如图 2 - 2 - 11 所示。

图 2 - 2 - 11 直齿圆柱齿轮

2. 特点

直齿轮的啮合与退出是沿着齿宽同时进行的，容易产生冲击、振动和噪声。齿轮拆装时要定位可靠，滑移或空转的齿轮装配在轴上，不应有咬住和阻滞现象，圆柱啮合齿轮的啮合齿面宽度差不得超过 5%（即两个齿轮的错位）。

3. 传动比

在一对齿轮传动中，主动轮转速 n_1 与从动轮转速 n_2 之比称为传动比，用符号 i_{12} 表示。由于相啮合齿轮的传动关系是一齿对一齿，因此两啮合齿轮的转速与其齿数成反比，其传动比的表达式为

$$i_{12} = \frac{n_1}{n_2} = \frac{Z_2}{Z_1}$$

式中，Z_1 ——主动轮齿数；

Z_2 ——从动轮齿数。

单级直齿轮的传动比一般在 3 ~ 6 之间。

（六）键联接

1. 键联接

主要用来实现轴与轴上零件（如带轮、齿轮等）的周向固定，并传递运动和转矩。有的键还能实现轴上零件的轴向固定和轴向导向作用。常用的键有平键、半圆键和花键，如图 2 - 2 - 12 所示。

平键　　　　半圆键　　　　花键轴　　　带花键孔齿轮

图 2 - 2 - 12　常用的键

2. 键联接的安装（以平键为例）

键装在轴和轮毂的键槽内，键的两侧面与键槽侧面紧密接触，借以传递运动和转矩；键的顶面与轮毂槽底之间要留有间隙，装配时不需打紧，不影响轴与轮毂的同心精度，如图 2 - 2 - 13 所示。

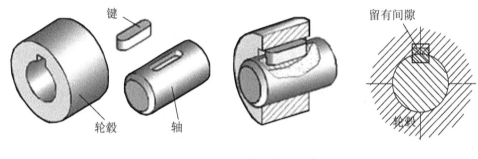

键　　　　　　　　　　　　　　　　　　　　　　留有间隙

轮毂　　　　轴　　　　　　　　　　　　　　　轮毂

图 2 - 2 - 13　平键联接的安装

3. 花键联接

花键联接是由均布多个键齿的花键轴与带有相应键齿槽的轮毂相配合而组成的可拆联接，如图 2 - 2 - 14 所示。

4. 键联接的特点

（1）平键：对中性好、装拆方便、结构简单，但对轴上零件起不到轴向固定作用，多用于传动精度要求较高的场合。

（2）半圆键：半圆键在槽中能绕其几何中心摆动，以适应轴上键槽的斜度，多用于载荷不大的锥形轴上。

（3）花键：键齿多，分布均匀，

图 2 - 2 - 14　花键联接

承载能力强，对中性和导向性好，但加工成本高，需采用花键铣床加工花键轴和拉床加工花键孔。

五、实习步骤

（一）多级齿轮变速箱的拆卸步骤

变速箱的拆卸需遵循箱体从上到下拆卸的原则进行。为方便拆卸变速箱，需先把二维工作台沿着 X 导轨移到右侧。

（1）直接用手拆下拨叉器拨杆上的两个红色胶木球，如图 2 - 2 - 15 所示。

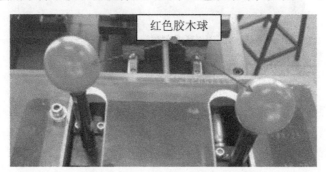

图 2 - 2 - 15　红色胶木球

（2）用内六角扳手拆下有机玻璃上封盖上的 4 个内六角螺丝，取出上封盖，如图 2 - 2 - 16 所示。

（3）用内六角扳手拆下 4 个内六角螺丝，取出导向横梁，如图 2 - 2 - 17 所示。

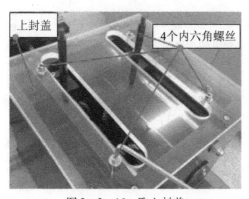

图 2 - 2 - 16　取上封盖　　　　图 2 - 2 - 17　取导向横梁

（4）用内六角扳手拆下拨叉器上的 4 个内六角螺丝，取出弹簧顶盖、弹簧和钢球（弹簧和钢球现在不一定能方便取出），如图 2 - 2 - 18 所示。

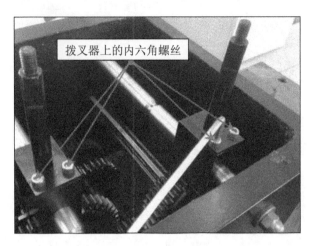

图 2 - 2 - 18　拆卸拨叉器

（5）用活动扳手拆下 2 根变挡轴左端的螺母，然后往右拉出变挡轴，拆下变挡轴和拨叉器，取出拨叉器里面的弹簧和钢球，如图 2 - 2 - 19 所示（注意：拆下来的零部件要作好记录，摆放要规范合理）。

图 2 - 2 - 19　拆卸 2 根变挡轴

（6）拆轴 4（输出端为齿轮）：

①拆下右边输出齿轮端面的内六角螺丝，然后用拉马配合活动扳手拆下输出齿轮，如图 2 - 2 - 20 所示。

②拆 6 个内六角螺丝（3 长 3 短）、一个平键、一个六角螺母和一个轴承压盖，如图 2 - 2 - 21 所示。

③拆下轴 4 左边的 3 个内六角螺丝和一个轴承闷盖，拆下后可看到轴 4 的轴承，如图 2 - 2 - 22 所示。

图 2 - 2 - 20　用拉马拆卸输出齿轮

图 2 - 2 - 21　拆卸平键和轴承压盖

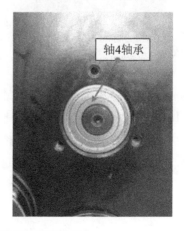

图 2 - 2 - 22　拆卸轴承闷盖和轴承

④利用铜棒和铝棒敲打轴4的左端，把轴4与左轴承分离，注意敲打过程中要用手托住轴4，以免损坏轴上的齿轮，如图2-2-23所示。

图2-2-23　用铝棒和铜棒拆卸轴4

⑤拆下轴4的其他零件：花键导向轴、三联滑移齿轮组、轴承座套和轴承，拆下来的零部件要作好记录，摆放要规范合理，如图2-2-24所示。

图2-2-24　拆卸花键轴、三联滑移齿轮组、轴承座套和轴承

（7）拆轴3（输出端为链轮）。

①用内六角扳手拧松变速箱底座上的4个内六角螺丝，如图2-2-25所示。

②把底座螺丝松开的变速箱向前推，让张紧的同步带和链条松开，然后把同步带和链条拆下来，如图2-2-26所示。

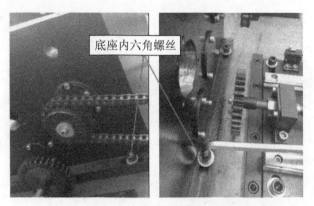

图 2 - 2 - 25 拧松变速箱底座螺丝

图 2 - 2 - 26 拆卸同步带和链条

③拆下右边输出链轮端面的内六角螺丝，然后用拉马配合活动扳手拆下输出链轮，如图 2 - 2 - 27 所示。

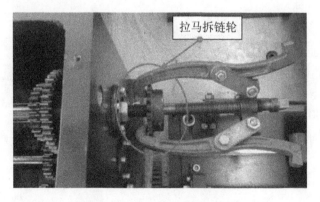

图 2 - 2 - 27 用拉马拆卸链轮

④拆下轴右边的 6 个内六角螺丝（3 长 3 短）、一个平键、一个六角螺母和一个轴承压盖。拆下轴左边的 3 个内六角螺丝和一个轴承闷盖，如图 2 - 2 - 28 所示。

图 2 - 2 - 28　拆卸压盖、闷盖和平键

⑤利用铜棒和铝棒敲打轴 3 的左端，把轴 3 与左轴承分离，注意敲打过程中要用手托住轴 3，以免损坏轴上的齿轮，如图 2 - 2 - 29 所示。

图 2 - 2 - 29　把轴 3 与左轴承分离

⑥拆下轴 3 的其他零件：花键导向轴、三联滑移齿轮组、轴承座套和轴承等，拆下来的零部件要作好记录，摆放要规范合理，如图 2 - 2 - 30 所示。

（8）拆轴 2（动力输入轴，输入端为同步带轮）。

①拆下同步带轮，然后拆下轴 2 左边的 6 个内六角螺丝（3 长 3 短）、一个平键、一个六角螺母和一个轴承压盖，如图 2 - 2 - 31 所示。

图 2 - 2 - 30　拆卸轴 3 的其他零件

图 2 - 2 - 31　拆卸同步带轮和轴承压盖

②拆下轴 2 右边的 3 个内六角螺丝和一个轴承闷盖，然后利用铝棒 + 铜棒敲打轴 2 的右端，把轴 2 左边的轴承拆出，如图 2 - 2 - 32 所示。

图 2 - 2 - 32　拆卸轴 2 的轴承

③拆下轴 2 的剩余零件：一根阶梯轴、4 个齿轮、4 个轴套、4 个平键、轴承座套和轴承。拆下来的零部件要作好记录，摆放要规范合理，如图 2 - 2 - 33 所示。

图 2 - 2 - 33　拆卸轴 2 的剩余零件

（9）拆轴 1（辅助传动轴）。

①先把右边轴承闷盖前的齿轮拆掉，否则会妨碍拆轴。然后拆下轴 1 左右两边各 3 个内六角螺丝和一个轴承闷盖，如图 2 - 2 - 34 所示。

图 2 - 2 - 34　拆卸齿轮和轴承闷盖

②利用铝棒 + 铜棒敲打轴 1 右端，把轴 1 从右边轴承中敲出，然后再将其他零件依次拆出，如图 2 - 2 - 35 所示。

图 2 - 2 - 35　用铝棒 + 铜棒拆卸轴 1

（二）多级齿轮变速箱的装配步骤

变速箱的装配按从下到上的装配原则进行装配。

（1）安装轴 1（辅助传动轴）。

①用冲击套筒把深沟球轴承压装到轴 1 的大端。

②将轴 1 的另一端穿入箱体相应的侧板孔内，然后按次序装上各齿轮、轴套。

③用冲击套筒把轴 1 连同深沟球轴承一起装入轴承沉孔内。

④把轴承闷盖压装到轴承外圈。

⑤用冲击套筒把轴 1 另一端的深沟球轴承同时压入轴 1 和轴承座孔内。

⑥把轴承闷盖压装到轴承外圈。

（2）安装轴 2（动力输入轴，输入端为同步带轮）。

①将双联角接触轴承压装在轴承座套里，用轴承压盖压紧轴承外圈，然后将轴承座组件压装到轴 2 上。

②将轴 2 一头穿入箱体侧板孔内，然后按次序装上各齿轮、轴套。

③将深沟球轴承压入箱体侧板轴承沉孔内，用闷盖压住轴承外圈。

④将轴 2 连同轴承座组件装入侧板轴承座孔内，同时把轴的另一端压入深沟球轴承。

⑤固定轴承座，再用螺母预紧双联角接触轴承内圈。

⑥装同步带轮。

（3）安装轴 3（输出端为链轮）。

①用冲击套筒把深沟球轴承压装到轴 3 的一端。

②把轴 3 的另一端穿入侧板孔内，按正确方向穿入滑移齿轮组。

③将轴 3 连同深沟球轴承压入侧板轴承沉孔，装闷盖压紧轴承外圈。

④将双联角接触轴承安装在轴承座里，再装压盖压紧轴承外圈。

⑤将轴承座组件同时压入轴 3 和侧板轴承座孔内，固定轴承座。

⑥用圆螺母预紧轴承内圈。

⑦装外置链轮。

⑧装上同步带和链条，把底座螺丝松开的变速箱向后拉，让松开的同步带和链条张紧。

⑨当同步带和链条的张紧力合适时，拧紧变速箱底座上的 4 个内六角螺丝。

（4）安装轴 4（输出端为齿轮）。

①用冲击套筒把深沟球轴承压装到轴 4 的一端。

②把轴 4 的另一端穿入侧板孔内，按正确方向穿入滑移齿轮组。

③将轴 4 连同深沟球轴承压入侧板轴承沉孔，装闷盖压紧轴承外圈。

④将双联角接触轴承安装在轴承座里，再装压盖压紧轴承外圈。

⑤将轴承座组件同时压入轴 4 和侧板轴承座孔内，固定轴承座。

⑥用圆螺母预紧轴承内圈。

⑦安装外置齿轮。

（5）安装变挡轴和拨叉器。

①将拨叉器对准滑移齿轮组中间位置的大齿轮。

②把变挡轴的一端穿入侧板相应孔内，然后穿入拨叉器。

③拧紧变挡轴两端的螺母。

④在拨叉器上装上钢球，放入弹簧，盖上弹簧顶盖，拧紧六角螺丝。

（6）装上导向横梁、上封盖和红色胶木球。

至此，完成了"多级齿轮变速箱"的拆装与调整，此方法仅供参考。

六、注意事项

（1）拆卸变速箱前，先将二维工作台右移，以免阻碍轴承的拆装。

（2）拨叉器里有弹簧和钢珠，要保管好，不要弄掉。

（3）安装同步带时松紧要适当。

（4）在装配过程中，螺丝不要拧太紧，以免影响到下一次的拆装，严重时还会造成内六角螺母滑牙（顺时针拧紧，逆时针拧松）。

（5）装配时，如果配合太紧，不要用力敲打，要用砂纸、锉刀进行修整后再进行装配。

七、考核评价

多级齿轮变速箱的拆装与调整评分标准见表 2 - 2 - 2。

表 2 - 2 - 2　多级齿轮变速箱的拆装与调整评分标准

序号	项　目	要　　　求	配分	得分
1	准备工作	检查工具、量具；制定变速箱的拆装工艺流程	8 分	
2	变速箱调挡	调出变速箱输出的最高转速和最低转速（正转），理解其变速与变向原理	2 分	
3	拆卸过程	完成变速箱的整体拆卸，工具选用合理，步骤规范，不得野蛮操作	30 分	
4	零部件摆放	拆卸的零部件摆放要整齐有序，并做好记录	3 分	
5	安装过程	完成变速箱的整体安装，工具选用合理，步骤规范，不得野蛮操作	30 分	

序号	项　目	要　　求	配分	得分
6	滑移齿轮	在定位位置调整滑移齿轮组中齿数为 $Z=40$ 的齿轮与相啮合齿轮的端面轴向错位量≤0.5mm	5分	
7	动力输入轴2	测量动力输入轴2安装皮带轮处轴的径向圆跳动允差≤0.05mm 和轴向窜动允差≤0.05mm	10分	
8	安装同步带	安装同步带时，皮带张紧力调整合适	3分	
9	劳保用品穿戴	鞋子符合要求	2分	
		工装衣袖口穿戴符合要求		
10	工具、量具、检具	工具、量具、检具摆放整齐	2分	
		工具、量具、检具使用规范		
11	安全文明生产	周围人员及自身安全	3分	
		各防护、保险装置安装牢固		
		检查机器内是否有遗留物		
12	废油、废弃物处理	对使用过的废油处理符合要求	2分	
		废弃物处理符合要求		

八、课后作业

（1）多级齿轮变速箱机构由4根（　　　）和2根（　　　）组成，其中轴3和轴4属于（　　　）。

   A. 传动轴   B. 花键轴   C. 变挡轴   D. 辅助轴

（2）花键轴3的输出端是（　　　），花键轴4的输出端是（　　　）。

   A. 齿轮   B. 带轮   C. 链轮   D. 主动轮

（3）直齿圆柱齿轮属于（　　　）的齿轮传动。

   A. 两轴平行   B. 两轴相交   C. 两轴交错

（4）同步带传动一般是由_____和紧套在两轮上的_____组成。同步带内周有等距的_____，同步带传动是一种_____传动。

（5）_____是主要用于支撑转动构件，同时传递运动和动力的零件。_____是支撑轴及轴上回转零件的构件，轴承主要分_____和_____。

（6）滚动轴承的结构由_____、_____、_____、_____和_____构成。

（7）键联接主要用来实现轴与轴上零件（如带轮、齿轮等）的_____固定，并传递运动和转矩。常用的键有_____、_____和_____。

九、工匠精神励志篇

轴承尖端技术的工人发明家——李书乾

李书乾从事电气维修工作40多年，他先后解决生产设备难题300多项，改造设备150多台次，完成技术创新270多项，抢修设备若干台次，有力地保障和提升了轴承质量，为企业创造经济效益达数千万元。

具体举一个例子来说明一下：在中国高速铁路快速发展过程中，瓦轴集团公司承担着铁路提速轴承研发制造的重任，热处理工序一度成为"瓶颈"。李书乾和公司其他技术专家承担了淬火压床的研制任务。他主动要求承担新机床电路研发设计工作，将机床的静态淬火创新为动态旋转淬火，使铁路提速轴承的芯部硬度提高了25%，产品变形量减少了30%，实现了铁路提速轴承热处理质的飞跃。

李书乾用事实证明，精密高端轴承不仅能够"中国制造"，而且还能实现"中国创造"。这台自主研发的设备可替代进口机床，节省购置资金1 200万元。该项技术成果荣获"全国职工优秀技术成果奖"。

项目三　圆锥齿轮动力分配器的拆装与调整

【 学习目标 】

（1）理解圆锥齿轮动力分配器的组成与工作原理，并能判断和分析常见的故障。
（2）了解圆锥齿轮的传动特点，掌握动力分配器的正确拆装方法。

一、课前检查

整理队伍；组织考勤；把手机等贵重物品存放到指定位置。

二、课前准备

制定动力分配器的拆装工艺流程；对照工量具清单，检查工具箱里的工（量）具是否齐全，并上报老师做好记录（工（量）具清单见附录）。

三、实习任务

（1）调挡，对动力分配器进行空运转试验，理解动力分配器的原理。
（2）按制定的工艺流程对动力分配器进行拆装。
（3）对拆下来的零部件合理摆放，并作记录。

四、加油站（相关知识）

（一）圆锥齿轮动力分配器的组成及工作原理

圆锥齿轮动力分配器的组成如图2-3-1所示。

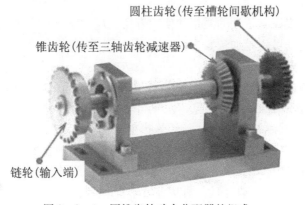

图2-3-1　圆锥齿轮动力分配器的组成

该机构是中间传递运动的辅助装置，机构里有链轮、锥齿轮、圆柱齿轮各一个。链轮连接的是输入端，通过链轮的传动将多级齿轮变速箱的动力传递过来，而输出端有两个，锥齿轮的啮合将运动传递至三轴齿轮减速器，圆柱齿轮的啮合将运动传递至槽轮间歇机构。

（二）链传动

1．组成

链传动是以链条为中间传动件的啮合传动。如图2－3－2所示。链传动由主动链轮、从动链轮和绕在链轮上并与链轮啮合的传动链组成。

2．链传动的结构与特点

链传动属于啮合传动，具有准确的平均速比，传动能力大，效率高。但工作时有冲击和噪声，因此多用于传动平稳性要求不高、中心距较大的场合。链传动一般分为齿形链和滚子链传动两种，在精度要求不高的场合一般用滚子链传动，其结构如图2－3－3所示。

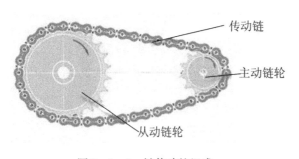

图2－3－2　链传动的组成

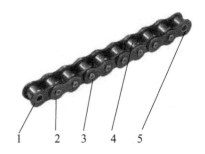

图2－3－3　滚子链的结构
1—内链板；2—外链板；3—销轴；
4—滚子；5—套筒

3．链传动的注意事项

（1）为保证链传动的正常工作，两链轮轴线应相互平行，且两链轮位于同一铅垂平面内。

（2）为了提高链传动的质量和使用寿命，应注意进行润滑。

（3）链传动可不施加预紧力，必要时可采用张紧轮装置。

（4）为了安全和防尘，链传动应加装防护罩。

（5）链条的磨损多发生在销轴和套筒的接触表面，因此销轴和套筒间以及内外链板之间必须留有少量间隙，以便润滑油进入。

（三）直齿圆锥齿轮传动（简称锥齿轮传动）

1．原理

锥齿轮通过两齿轮间的啮合来实现两相交轴之间的传动，一般多用于两轴垂直相交成90°的场合。啮合时，两啮合齿轮背向旋转，如图2－3－4所示。

图 2 – 3 – 4　直齿圆锥齿轮

2．特点

锥齿轮传动平稳、承载能力强，特别是在高速重载下更为明显；但传动时有轴向力。

3．传动比

锥齿轮与直齿轮传动比的计算方法一样，单级锥齿轮的传动比一般在 2 ～ 3 之间。

五、实习步骤

（一）圆锥齿轮动力分配器的拆卸步骤

（1）拆除动力分配器底座的 4 个内六角螺丝，松开链条，将整个动力分配器取出，如图 2 – 3 – 5 所示。

拆底座螺丝

图 2 – 3 – 5　取出动力分配器

（2）拆下链轮端面的内六角螺丝，用拉马配合活动扳手拆下链轮。然后拆下 3 个内六角螺丝、一个平键和一个轴承压盖，如图 2 - 3 - 6 所示。

图 2 - 3 - 6　拆卸链轮和轴承压盖

（3）拆下齿轮端面的内六角螺丝，用拉马配合活动扳手拆下齿轮。然后拆下 3 个内六角螺丝、一个平键、一个六角螺母和一个轴承压盖，如图 2 - 3 - 7 所示。

图 2 - 3 - 7　拆卸齿轮和轴承压盖

（4）利用铝棒和铜棒敲打靠近圆锥齿轮那一边的轴端，依次拆出圆锥齿轮轴和 2 个轴承。拆下来的零部件要作好记录，摆放要规范合理，如图 2 - 3 - 8 所示。

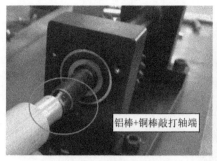 

图 2 - 3 - 8　拆卸圆锥齿轮轴和轴承

（二）圆锥齿轮动力分配器的装配步骤

（1）将双联角接触轴承安装在相应的轴承座里，再装压盖压紧轴承外圈。

（2）把圆锥齿轮轴带螺纹的一端敲进双联角接触轴承内。

（3）将深沟球轴承压入圆锥齿轮轴的另一端，装压盖压紧轴承外圈。

（4）用圆螺母预紧轴承内圈。

（5）依次安装外置齿轮和外置链轮。

（6）把动力分配器装回工作台，套上链条，调整好链条松紧，预紧螺丝。

至此，完成了圆锥齿轮动力分配器的拆装与调整，此方法仅供参考。

六、注意事项

（1）在拆三轴齿轮减速器前，不要把动力分配器装回工作台上，否则会妨碍齿轮减速器的拆装。

（2）动力分配器中的轴承有一大一小，在拆装时需要注意安装与轴承大小相对应的齿轮。

（3）安装时注意不要调转链轮的安装方向。

七、考核评价

圆锥齿轮动力分配器的拆装与调整评分标准见表 2 - 3 - 1。

表 2 - 3 - 1　圆锥齿轮动力分配器的拆装与调整评分标准

序号	项　目	要　求	配分	得分
1	准备工作	检查工具、量具；制定圆锥齿轮动力分配器的拆装工艺流程	15 分	

续表

序号	项 目	要 求	配分	得分
2	拆卸过程	完成圆锥齿轮动力分配器的整体拆卸，工具选用合理，步骤规范，不得野蛮操作	25 分	
3	零部件摆放	拆卸的零部件要摆放整齐有序，并做好记录	5 分	
4	安装过程	完成圆锥齿轮动力分配器的整体安装，工具选用合理，步骤规范，不得野蛮操作	25 分	
5	圆锥齿轮轴	测量圆锥齿轮轴安装链条处轴的径向圆跳动允差≤0.05mm；轴向窜动允差≤0.05mm	16 分	
6	安装链条	安装链条时，链条张紧力调整合适	5 分	
7	劳保用品穿戴	鞋子符合要求；工装衣袖口穿戴符合要求	2 分	
8	工具、量具、检具	工具、量具、检具摆放整齐；使用规范	2 分	
9	安全文明生产	周围人员及自身安全；各防护、保险装置安装牢固 检查机器内是否有遗留物	3 分	
10	废油、废弃物处理	对使用过的废油处理符合要求、废弃物处理符合要求	2 分	

八、课后作业

（1）链传动是以（　　）为中间传动件的（　　）传动。

　　A. 摩擦　　　　　B. 齿轮　　　　　C. 链条　　　　　D. 啮合

（2）直齿锥齿轮传动属于（　　）的齿轮传动，啮合时，两啮合齿轮（　　）旋转。

　　A. 同向　　　　　B. 两轴相交　　　C. 两轴交错　　　D. 背向

（3）圆锥齿轮动力分配器机构里有_____、_____、_____各一个。_____连接的是输入端，而输出端有两个，_____的啮合将运动传递至三轴齿轮减速器，_____的啮合将运动传递至槽轮间歇机构。

（4）链传动由_____、_____和_____组成，链传动一般分为_____和_____传动两种，在精度要求不高的场合一般用_____传动。

九、工匠精神励志篇

中国深海钳工第一人，60万颗螺丝零失误——管延安

管延安被誉为中国"深海钳工"第一人，他在装配60万颗螺丝时能达到零失误的准确率。他因精湛的操作技艺而收获了不少"粉丝"，但管延安并不骄傲，还经常说："做工程技术，少说多做。"

管延安有一个口头禅就是"再检查一遍"。18岁时，他跟着师傅学钳工，开始只想学门手艺，但经过20多年勤奋努力，已经精通各门钳工工艺。目前他在珠澳大桥海底隧道负责沉管舾装作业，对导向杆和导向托架安装的精度要求极高，接缝处间隙误差不得超过±1mm。但在深海中操作，这样的间隙无法用肉眼判断，管延安只能凭借手感来操作。而且珠澳大桥海底隧道完全封闭，大型机械无法进入，而管线错综复杂，每一个接点都必须连接到位。如果在沉放时任何一条线出现问题，沉管就不可能完成精确对接，所以每次管延安都会嘱咐徒弟们要"再检查一遍"。对于正常工人来说，检查操作3遍已经算是十分认真的了，但管师傅一定要多检查几遍才放心踏实。共事多年的工友总觉得管延安得了强迫症，对他的做法甚至有些不太理解，管延安的解释只有一句："我是团队的头，如果我不带头检查，不带动大家的积极性，这工作就没法儿干了。"

项目四　三轴齿轮减速器的拆装与调整

【学习目标】

(1) 理解三轴齿轮减速器的组成与工作原理，并能判断和分析常见的故障。

(2) 掌握三轴齿轮减速器的正确拆装方法。

一、课前检查

整理队伍；组织考勤；把手机等贵重物品存放到指定位置。

二、课前准备

制定三轴齿轮减速器的拆装工艺流程；对照工（量）具清单，检查工具箱里的工（量）具是否齐全，并上报老师做好记录（工（量）具清单见附录）。

三、实习任务

(1) 通过啮合齿轮的齿数来计算传动比，理解其减速原理。

(2) 按制定的工艺流程对三轴齿轮减速器进行拆装。

(3) 对拆下来的零部件合理摆放，并作记录。

四、加油站

三轴齿轮减速器的组成及工作原理如下。

1. 组成

三轴齿轮减速器主要由三根轴、两对啮合的圆柱齿轮和一个圆锥齿轮组成。其中圆锥齿轮是输入端，与圆锥齿轮连接的轴是输入轴，最右边的轴为输出轴，如图 2-4-1 所示。

2. 工作原理

该机构的动力由锥齿轮啮合将上一机构的动力源输入，通过输入轴上齿轮与中间轴上齿轮的啮合，从而将运动转移至中间轴，然后又通过另一对齿数不同的齿轮啮合（小齿轮→大齿轮）将运动传至输出轴，这一过程实现了运动速比的转换和转移。

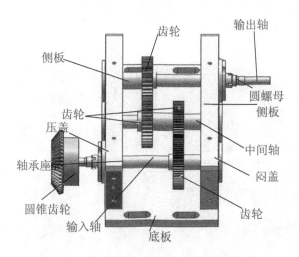

图 2 - 4 - 1　三轴齿轮减速器的组成

五、实习步骤

（一）三轴齿轮减速器的拆卸步骤

注意：在拆三轴齿轮减速器前，先移开圆锥齿轮动力分配器，否则会妨碍三轴齿轮减速器的拆装。

1. 输入轴的拆卸步骤

输入轴的拆卸步骤如图 2 - 4 - 2 和图 2 - 4 - 3 所示。

（1）用内六角扳手拆下上封盖的 4 个内六角螺丝，取出上封盖。

（2）拆下输入轴闷盖端的 3 个内六角螺丝和一个轴承闷盖。

（3）拆下输入轴压盖端的圆锥齿轮、6 个内六角螺丝（3 长 3 短）、一个平键、一个六角螺母和一个轴承压盖。

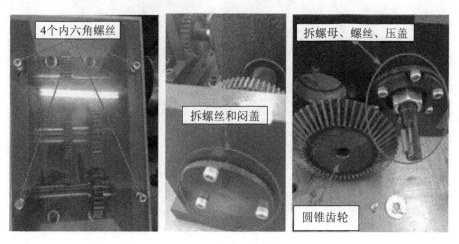

图 2 - 4 - 2　拆卸上封盖、圆锥齿轮和轴承压盖

（4）利用铝棒和铜棒敲打闷盖端的轴端，依次拆出输入轴的其他零件，如图2-4-3所示。

图2-4-3 拆卸输入轴的其他零件

2. 输出轴的拆卸步骤

（1）拆下输出轴闷盖端的3个内六角螺丝和一个轴承闷盖。

（2）拆下输出轴压盖端的6个内六角螺丝（3长3短）、一个六角螺母和一个轴承压盖，如图2-4-4所示。

图2-4-4 拆卸轴承闷盖和轴承压盖

（3）利用铝棒和铜棒敲打闷盖端的轴端，依次拆出输出轴的其他零件，如图2-4-5所示。

图 2 - 4 - 5　拆卸输出轴的其他零件

3. 中间轴的拆卸步骤

中间轴的拆卸步骤如图 2 - 4 - 6 所示。拆下中间轴两边的各 3 个内六角螺丝和一个轴承闷盖，然后利用铝棒和铜棒敲打小齿轮这边的轴端，依次拆出中间轴的其他零件。

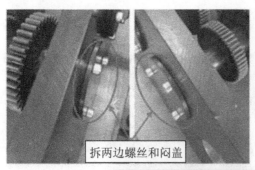
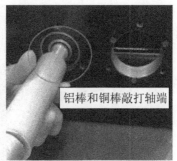

铝棒和铜棒敲打轴端

拆两边螺丝和闷盖

图 2 - 4 - 6　中间轴的拆卸

（二）三轴齿轮减速器的装配步骤

1. 安装中间轴

（1）用冲击套筒把深沟球轴承压装到中间轴的大端。

（2）将轴的另一端穿入箱体相应的侧板孔内，然后按次序装上各齿轮、轴套。

（3）用冲击套筒把中间轴连同深沟球轴承压入侧板轴承沉孔内。

（4）把轴承闷盖压装到轴承外圈。

（5）用冲击套筒把另一端的深沟球轴承同时压入中间轴和轴承座孔内。

（6）把轴承闷盖压装到轴承外圈。

2. 安装输入轴

（1）将双联角接触轴承压装在轴承座套里，用轴承压盖压紧轴承外圈，然后将轴承座组件压装到输入轴上。

（2）将输入轴一头穿入箱体侧板孔内，然后按次序装上齿轮和轴套。

（3）将深沟球轴承装入箱体侧板轴承沉孔内，用闷盖压住轴承外圈。

（4）将输入轴连同轴承座组件压入侧板轴承座孔内，同时把轴的另一端压入深沟球轴承。

（5）固定轴承座，再用螺母预紧双联角接触轴承内圈。

（6）安装外置圆锥齿轮。

3. 安装输出轴

（1）将双联角接触轴承压装在轴承座套里，用轴承压盖压紧轴承外圈，然后将轴承座组件压装到输出轴上。

（2）将输出轴一头穿入箱体侧板轴承座孔内，然后按次序装上齿轮和轴套。

（3）将深沟球轴承压入箱体侧板轴承沉孔内，用闷盖压住轴承外圈。

（4）将轴承座组件连同输出轴压入侧板轴承座孔内，同时把轴的另一端压入深沟球轴承。

（5）固定轴承座，再用螺母预紧双联角接触轴承内圈。

（6）安装上封盖。

至此，完成了三轴齿轮减速器的拆装与调整，此方法仅供参考。

六、注意事项

（1）在拆三轴齿轮减速器前，先移开圆锥齿轮动力分配器，否则会妨碍三轴齿轮减速器的拆装。

（2）在安装三轴齿轮减速器时，注意不要调换输入轴和输出轴的位置。

七、考核评价

三轴齿轮减速器的拆装与调整评分标准见表2-4-1。

表2-4-1 三轴齿轮减速器的拆装与调整评分标准

序号	项目	要求	配分	得分
1	准备工作	检查工具、量具；制定三轴齿轮减速器的拆装工艺流程	15分	
2	拆卸过程	完成三轴齿轮减速器的整体拆卸，工具选用合理，步骤规范，不得野蛮操作	25分	
3	零部件摆放	拆卸的零部件摆放整齐有序，并做好记录	2分	
4	安装过程	完成三轴齿轮减速器的整体安装，工具选用合理，步骤规范，不得野蛮操作	25分	
5	输入轴	测量输入轴的径向圆跳动允差≤0.5mm	6分	
		轴向窜动允差≤0.5mm	6分	
6	输出轴	测量输出轴的径向圆跳动允差≤0.5mm	6分	
		轴向窜动允差≤0.5mm	6分	
7	劳保用品穿戴	鞋子符合要求	2分	
		工装衣袖口穿戴符合要求		
8	工具、量具、检具	工具、量具、检具摆放整齐	2分	
		工具、量具、检具使用规范		
9	安全文明生产	周围人员及自身安全	3分	
		各防护、保险装置安装牢固		
		检查机器内是否有遗留物		
10	废油、废弃物处理	对使用过的废油处理符合要求	2分	
		废弃物处理符合要求		

八、课后作业

（1）三轴齿轮减速器机构主要由_____根轴、_____对啮合的_____齿轮和一个_____齿轮组成。其中_____是输入端，与_____连接的轴是输入轴，最右边的轴为_____。

（2）在拆三轴齿轮减速器前，先移开_____，否则会妨碍三轴齿轮减速器的拆装。

3. 在安装三轴齿轮减速器时，注意不要调换_____和_____的位置。

九、工匠精神励志篇

装配工拧螺丝钉问鼎企业"匠心奖" ——汪海波

"机器换人"的热潮正在席卷全球，可在广东大族粤铭激光科技股份有限公司，以定制化为特色的多款激光切割机装配，仍然要靠人工将一个个大小不一的螺丝拧上去。而机械装配工汪海波就在这里从事这项工作。

对于大多数同行而言，这个岗位并无多少创新性可言，每天的工作就是把一个个零散的结构件，用一颗颗螺丝钉固定装配成为一台台完整的机器。可对汪海波来说，这一切并非那么简单。他在工作之余有着两个雷打不动的习惯：一是看机械方面最新出版的书，二是上网看一下国外机械巨头最新公开的装配视频。有时看到一些新颖的技术和做法，他就默默地记在本子上，第二天回到车间里就琢磨能不能用在自己的工作当中。就这样他成了一个爱琢磨的装配工，在过去的短短一年里，从他那里提出的各种技术改善建议就达20多条，其中有80%被采纳并应用到了后续产品的工艺提升和创新上。2016年，汪海波因此成为"大族粤铭匠心奖"首批获奖者之一。

项目五　槽轮间歇机构的拆装与调整

【学习目标】

（1）理解槽轮间歇机构的组成与工作原理，并能判断和分析常见的故障。

（2）了解槽轮机构、蜗轮蜗杆机构的原理和特点，掌握槽轮间歇机构的正确拆装方法。

一、课前检查

整理队伍；组织考勤；把手机等贵重物品存放到指定位置。

二、课前准备

制定槽轮间歇机构的拆装工艺流程；对照工（量）具清单，检查工具箱里的工（量）具是否齐全，并上报老师做好记录（工（量）具清单见附录）。

三、实习任务

（1）调挡，对槽轮间歇机构进行空运转试验，理解 4 槽分度间歇原理。

（2）按制定的工艺流程对槽轮间歇机构进行拆装。

（3）对拆下来的零部件合理摆放，并作记录。通过啮合齿轮的齿数来计算传动比。

四、加油站（相关知识）

（一）槽轮间歇机构的组成及工作原理

槽轮间歇机构的组成如图 2-5-1 所示。

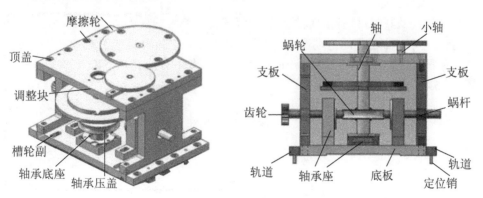

图 2-5-1　槽轮间歇机构的组成

1. 组成

该机构由一对蜗轮蜗杆直角立体交叉，一对槽轮机构（4 槽分度）以及顶端间歇摩擦轮组成。其动力由圆锥齿轮动力分配器末端的齿轮啮合所提供。

2. 工作原理

动力由上一机构通过蜗杆轴一端的齿轮啮合传递至该机构，在蜗杆与蜗轮的啮合之下通过蜗轮轴的传递，将运动转移至机构顶端的摩擦轮。在蜗轮轴上还设有一个"4"槽分度的槽轮间歇机构，通过该机构可将运动分成几个间歇的部分。同时，在蜗杆轴的末端，通过联轴器的链接，又将运动的另一输出传至下一机构。

（二）槽轮间歇机构（以单圆销外啮合槽轮机构为例）

1. 组成

槽轮间歇机构由具有圆柱销的主动销轮、具有直槽的从动槽轮（多个径向导槽所组成的构件）及机架组成，如图 2-5-2 所示。

2. 工作原理

由主动销轮利用圆柱销带动从动槽轮转动，完成间歇转动。主动销轮顺时针做等速连续转动，当圆柱销未进入径向槽时，槽轮因内凹的锁止弧被销轮外凸的锁止弧锁住而静止；圆柱销进入径向槽时，两弧脱开，槽轮在圆柱销的驱动下转动；当圆柱销再次脱离径向槽时，槽轮另一圆弧又被锁住，从而实现了槽轮的单向间歇运动。

3. 特点

（1）优点：结构简单，工作可靠，机械效率高，能够较平稳、间歇地进行换位。

（2）缺点：圆柱销突然进入与脱离径向槽时，存在柔性冲击，不适合高速场合，转角不可调节，只能用在定角场合。

（三）蜗轮蜗杆传动

1. 组成及原理

由蜗杆及其配对蜗轮组成的交错轴间的传动称为蜗杆传动。蜗杆传动是用来传递空间交错轴之间的运动和动力的，通常两轴空间垂直交错成 90°，在啮合时，蜗杆转一圈，就带动蜗轮转过一个齿（单头蜗杆）或几个齿（多头蜗杆），图 2-5-3 所示为单头蜗杆。

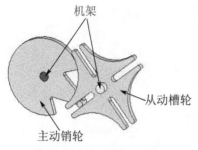

机架

从动槽轮

主动销轮

图 2 - 5 - 2　槽轮间歇机构

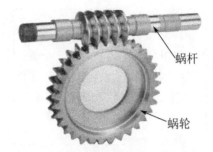

蜗杆

蜗轮

图 2 - 5 - 3　蜗轮蜗杆机构（单头蜗杆）

2. 特点

蜗杆传动一般以蜗杆为主动件，蜗轮为从动件；单级传动比大，结构紧凑；传动平稳，噪声小；蜗杆轴向力较大；有自锁性，可防止过载反转。

3. 传动比

$$i_{12} = \frac{n_1}{n_2} = \frac{Z_2}{Z_1}$$

式中，n_1 ——蜗杆转速；

　　　n_2 ——蜗轮转速；

　　　Z_1 ——蜗杆头数（1 ~ 4）；

　　　Z_2 ——蜗轮齿数。

单级蜗杆传动比一般在 8 ~ 80 之间。

（四）销联接

销用于固定零件的相对位置或用于轴毂间或其他零件间的连接，但只能传递不大的扭矩。此外，还可充当过载剪断元件。常用的销有以下几种（见图 2 - 5 - 4）。

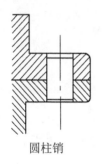

圆柱销

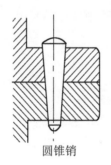

圆锥销

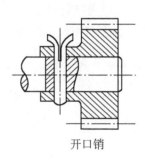

开口销

图 2 - 5 - 4　销的分类

（1）圆柱销：不能多次装拆，否则定位精度下降。

（2）圆锥销：1 : 50 锥度，可自锁，定位精度高，允许多次装拆，且便于拆卸。

（3）开口销：用于联接的防松，不能定位，常与槽形螺母合用，装拆方便。

（五）联轴器（以梅花联轴器为例）

1. 作用

联轴器主要用于联接不同机构中的两根轴（主动轴和从动轴），使它们在传递转矩和运动过程中一起回转而不脱开，某些特殊结构的联轴器还具有过载保护作用。

2. 组成

梅花联轴器是一种应用很普遍的联轴器，也叫爪式联轴器，是由两个金属爪盘和一个弹性体组成。梅花弹性体有4瓣、6瓣、8瓣和10瓣，两个金属爪盘一般是45号钢，但是在要求载荷灵敏的情况下也有用铝合金的，如图2-5-5所示。

图 2-5-5　梅花联轴器

3. 特点

（1）联轴器所联接的两根轴常属于两个不同的机械或部件。由于制造和安装误差，以及工作时受载或受热后基础、机架和其他部件的弹性变形与温差变形等原因，两轴轴线不可避免地要产生相对偏移。

（2）梅花联轴器可利用中间的弹性体的弹性变形来补偿两轴的相对偏移，同时能起到缓冲和吸振的作用。

五、实习步骤

（一）槽轮间歇机构的拆卸步骤

（1）拆顶盖上的两个摩擦轮，如图2-5-6所示。

（2）拆顶盖上的两个轴承压盖和8个内六角螺丝，如图2-5-7所示。

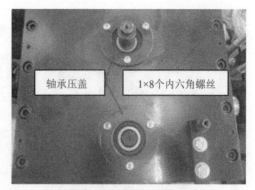

图 2 - 5 - 6 拆摩擦轮　　　　　　图 2 - 5 - 7 拆轴承压盖

（3）把顶盖（有定位销）和从动槽轮（4 槽分度）一起取下来，然后依次拆卸其他零件，并摆放整齐，做好记录，如图 2 - 5 - 8 所示。

图 2 - 5 - 8 拆卸顶盖和从动槽轮

（4）把整个蜗轮轴部件取出，接着把蜗轮轴的轴承底座也拆出来，然后把它们依次拆卸，零件做好记录，摆放整齐，如图 2 - 5 - 9 所示。

图 2 - 5 - 9 拆卸蜗轮轴部件

（5）拆开蜗杆轴输入端的齿轮和末端的联轴器，如图 2 - 5 - 10 所示。

图 2 - 5 - 10　拆卸齿轮和联轴器

（6）拆开蜗杆轴上的 2 个轴承压盖、两个轴承座上的 4 个内六角螺丝、靠近蜗杆轴输入端的支板底座的 2 个内六角螺丝，如图 2 - 5 - 11 所示。

图 2 - 5 - 11　拆卸轴承压盖、轴承座和支板底座

（7）把拆开的蜗杆轴、轴承座、支板（底座有定位销）等零部件拿出放到工作台，然后把它们依次拆卸，零件做好记录，摆放整齐，如图 2 - 5 - 12 所示。

图 2 - 5 - 12　将蜗杆轴部件摆放整齐

（二）槽轮间歇机构的装配步骤

槽轮间歇机构的安装应遵循先局部后整体的安装方法，首先对独立部件进行安装，然后把各个部件进行组合，最后完成整个机构的装配。

（1）安装蜗杆系：

①先在蜗杆轴上套入两个轴承压盖，再将两个双联角接触轴承推至蜗杆轴两端的轴承凸肩上。

②把轴承装入两个轴承座，用轴承压盖压紧轴承外圈。

③把装好的蜗杆系安装回工作台。

（2）安装支板：先利用底座定位销定位，然后用六角螺丝拧紧支板。

（3）安装蜗杆轴输入端的齿轮和末端的联轴器。

（4）安装蜗轮系：

①用螺丝预紧蜗轮轴的轴承底座，再压入圆锥滚柱轴承。

②在蜗轮轴上按顺序装入蜗轮、轴套、转臂、轴套。

③把蜗轮轴压入圆锥滚柱轴承。

（5）安装槽轮系：

①用冲击套筒把轴承压入顶盖对应的轴承沉孔内，用压盖压住轴承外圈。

②从顶盖上方把从动槽轮轴压入轴承。

③在从动槽轮轴下端依次装上轴套和从动槽轮。

（6）安装顶盖：先利用顶盖定位销定位，然后用六角螺丝拧紧顶盖。

（7）用冲击套筒把轴承同时压入蜗轮轴和顶盖轴承沉孔内，用压盖压住轴承外圈。

（8）安装大摩擦轮。

（9）安装小摩擦轮：

①将短轴旋入调整块螺纹孔内。

②套上滑动轴承。

③压装小摩擦轮，套上圆形橡皮圈。

④调整好大小摩擦轮之间的压力，预紧螺钉固定调整块。

至此，完成了槽轮间歇机构的拆装与调整，此方法仅供参考。

六、注意事项

（1）拆卸槽轮间歇机构前先将二维工作台移到左边，以免妨碍槽轮间歇机构的拆装。

（2）安装时，注意主动销轮和从动槽轮的位置，以免出现错位。

七、考核评价

槽轮间歇机构的拆装与调整评分标准见表2-5-1。

表2-5-1 槽轮间歇机构的拆装与调整评分标准

序号	项 目	要 求	配分	得分
1	准备工作	检查工具、量具；制定槽轮间歇机构的拆装工艺流程	10分	
2	拆卸过程	完成槽轮间歇机构的整体拆卸，工具选用合理，步骤规范，不得野蛮操作	27分	
3	零部件摆放	拆卸的零部件要摆放整齐有序，并做好记录	2分	
4	安装过程	完成槽轮间歇机构的整体安装，工具选用合理，步骤规范，不得野蛮操作	27分	
5	蜗杆	调整蜗杆的轴向窜动≤0.02mm	5分	
6	蜗轮	调整蜗杆轴线与蜗轮轮齿对称中心平面的误差值≤0.05mm	5分	
7	法兰盘（推力球轴承底座）	调整法兰盘与推力球轴承内圈的同轴度≤0.03mm	5分	
		调整法兰盘的上表面应低于推力球轴承的上表面	5分	
8	分度转盘	装配调试后，传动平稳，没有卡阻爬行现象；料盘分度准确无晃动现象	5分	
9	劳保用品穿戴	鞋子符合要求	2分	
		工装衣袖口穿戴符合要求		
10	工具、量具、检具	工具、量具、检具摆放整齐	2分	
		工具、量具、检具使用规范		
11	安全文明生产	周围人员及自身安全	3分	
		各防护、保险装置安装牢固		
		检查机器内是否有遗留物		
12	废油、废弃物处理	对使用过的废油处理符合要求	2分	
		废弃物处理符合要求		

八、课后作业

（1）槽轮间歇机构由一对_____直角立体交叉，一对_____（4 槽分度）以及顶端_____组成。其动力由圆锥齿轮动力分配器末端的_____所提供。

（2）单圆销外啮合槽轮机构由具有圆柱销的_____、具有直槽的_____（多个径向导槽所组成的构件）及_____组成。

（3）蜗杆传动是用来传递空间_____的运动和动力的，通常两轴空间垂直交错成_____。蜗杆传动一般以_____为主动件，_____为从动件。

（4）_____主要用于联接不同机构中的两根轴（主动轴和从动轴），使它们在传递转矩和运动过程中一起_____而不脱开。

（5）常用的销有_____、_____和_____3 种。

九、工匠精神励志篇

从一颗螺栓装配看五征"工匠精神"

2016 年 5 月 7 日，五征集团首届装配技能大赛在五征汽车城举行，旨在展示优秀装配工的操作水平，推动一线装配工人关注螺栓扭矩、关注装配顺序，达到以赛带训、提升技术工人工匠意识的目的。

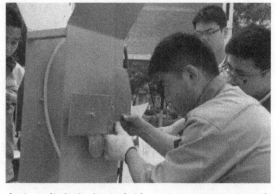

顺序装配的比赛专业化更高，参赛选手每人 8 个工件、一张标准作业指导书、一个气扳机有序地飞舞成各式的花样，利用不长的时间将 20 个平面小车组装出来。据大赛组织者介绍，这个项目的比赛考核的是参赛人员的识图能力和装配标准作业能力。在决赛环节，每人都要对 10 颗 M8×20 的法兰螺栓进行拧紧作业，而且只能使用扭力表测试第一颗螺栓的扭矩，以拧紧这一颗螺栓的操作手感完成剩下螺栓的拧紧作业，真正考验了装配工人在平常做螺栓拧紧工作中的经验与手感。最终来自农用车事业部的张西海以 9 颗螺栓全部是（25±5）N·M 的优异成绩获得了本次比赛的冠军，也成为本年度五征超级装配工。面对记者的采访，张西海腼腆说："技术都是在平常操作中积累下来的，干工作就要干一行、爱一行、专一行。"

项目六　自动冲床机构的拆装与调整

【学习目标】

（1）理解自动冲床机构的组成与工作原理，并能判断和分析常见的故障。

（2）了解联轴器和凸轮导杆机构的原理和特点，掌握自动冲床机构的正确拆装方法。

一、课前检查

整理队伍；组织考勤；把手机等贵重物品存放到指定位置。

二、课前准备

制定自动冲床机构的拆装工艺流程；对照工（量）具清单，检查工具箱里的工（量）具是否齐全，并上报老师做好记录（工（量）具清单见附录）。

三、实习任务

（1）调挡，对自动冲床机构进行空运转试验，理解自动冲床的动作原理。

（2）按制定的工艺流程对自动冲床机构进行拆装。

（3）对拆下来的零部件合理摆放，并作记录。

四、加油站（相关知识）

自动冲床机构的组成及工作原理如下。

1. 组成

该机构主要由上模座、下模座、导套、导柱、凸模、凹模、弹簧等组成，如图 2 - 6 - 1 所示。

2. 工作原理

动力由槽轮间歇机构通过联轴器提供，联轴器末端连着一个凸轮导杆机构，当凸轮转到最高点时，凸轮导杆机构上的连杆对冲床施加压力，凸模往下运动；当凸轮转到最低点时，凸模会受弹簧力的影响而恢复，从而带动凸模上下运动，实现冲床的作用。

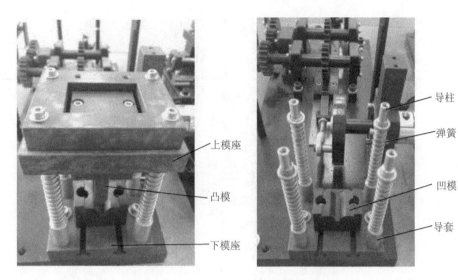

图 2 - 6 - 1 自动冲床机构的组成

五、实习步骤

（一）自动冲床机构的拆卸步骤

（1）拆除上封盖和凸轮导杆机构，如图 2 - 6 - 2 所示。

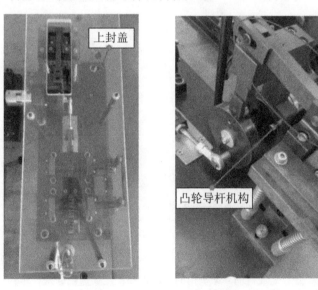

图 2 - 6 - 2 拆卸上封盖和凸轮导杆机构

（2）拆卸自动冲床的其他零部件，如上模座、下模座、导套、导柱、凸模、凹模、弹簧等。零件做好记录，摆放整齐，如图 2 - 6 - 3 所示。

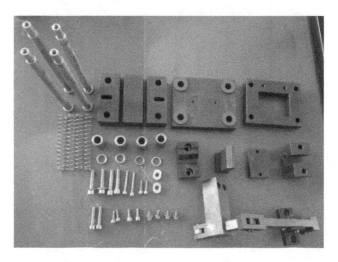

图2-6-3 拆卸自动冲床的其他零部件

（二）自动冲床机构的装配步骤

（1）安装冲压模：按顺序安装下模座、凹模、导柱、导套、弹簧、上模座、凸模等。

（2）安装凸轮导杆机构。

至此，完成了自动冲床机构的拆装与调整，此方法仅供参考。

六、注意事项

（1）自动冲床机构的细小零件比较多，拆卸的时候注意要按顺序分类摆好，以免在安装时出现混乱。

（2）不能大力拉伸或压缩弹簧，以免使弹簧变形，安装时让其处于自然伸缩状态。

七、考核评价

自动冲床机构的拆装与调整评分标准见表2-6-1。

表2-6-1 自动冲床机构的拆装与调整评分标准

序号	项 目	要 求	配分	得分
1	准备工作	检查工具、量具；制定自动冲床机构的拆装工艺流程	18分	
2	拆卸过程	完成自动冲床机构的整体拆卸，工具选用合理，步骤规范，不得野蛮操作	20分	
3	零部件摆放	拆卸的零部件摆放要整齐有序，并做好记录	3分	
4	安装过程	完成自动冲床机构的整体安装，工具选用合理，步骤规范，不得野蛮操作	20分	

续表

序号	项　目	要　求	配分	得分
5	自动冲床	安装完整、运转顺畅	10 分	
		将模拟冲头（凸模）下止点位置调整为 3 ± 0.2mm。测量基准面为凹模上端面	10 分	
		调整冲头与分度转盘的配合运动	10 分	
6	劳保用品穿戴	鞋子符合要求	2 分	
		工装衣袖口穿戴符合要求		
7	工具、量具、检具	工具、量具、检具摆放整齐	2 分	
		工具、量具、检具使用规范		
8	安全文明生产	周围人员及自身安全	3 分	
		各防护、保险装置安装牢固		
		检查机器内是否有遗留物		
9	废油、废弃物处理	对使用过的废油处理符合要求	2 分	
		废弃物处理符合要求		

八、课后作业

（1）自动冲床机构主要由_____、_____、_____、_____、_____、_____、_____部分组成。

（2）自动冲床机构的动力由_____提供。

（3）联轴器末端连着一个_____。

（4）当凸轮转到_____时，凸轮导杆机构上的连杆对冲床施加压力，凸模往下运动；当凸轮转到_____时，凸模会受弹簧力的影响而恢复。

（5）不能大力_____或_____弹簧，以免使弹簧变形，安装时让其处于自然伸缩状态。

九、工匠精神励志篇

练就手眼神功，装配精确到"丝"——顾秋亮

深海载人潜水器有十几万个零部件，组装起来最大的难度就是密封性，精密度要求达到了"丝"级。而在中国载人潜水器的组装中，能实现这个精密度的只有钳工顾秋亮，也因为有着这样的绝活儿，顾秋亮被人称为"顾两丝"。

顾秋亮说，用精密仪器来控制这么小的间隔或许不算难，难就难在载人舱观

察窗的玻璃异常娇气，不能与任何金属仪器接触。因为一旦摩擦出一个小小的划痕，在深海几百个大气压的水压下，玻璃窗就可能漏水，甚至破碎，危及下潜人员的生命。因此，安装载人舱玻璃也是组装载人潜水器里最精细的活儿。

　　类似的技术难题层出不穷，作为首席装配钳工技师，顾秋亮能够见招拆招，靠的就是工作40余年来养成的"螺丝钉"精神。他爱琢磨、善钻研，喜欢啃工作中的"硬骨头"。凡是交给他的活儿，他总是绞尽脑汁想着如何改进安装方法和工具，提高安装精度，进而确保高质量地完成安装任务。当学徒那会儿，10cm的一块方铁，要锉到0.5cm，为了这个，他锉了十五六块方铁，锉刀都用断了几十把。

　　多年来，顾秋亮带领全组成员，保质保量完成了蛟龙号总装集成、数十次水池试验和海试过程中的蛟龙号部件拆装与维护，用实际行动演绎着对祖国载人深潜事业的忠诚与热爱。

　　如今，顾秋亮又肩负起了新的挑战——组装4 500m载人潜水器。已近花甲之年的顾秋亮仍坚守在科研生产第一线，为载人深潜事业不断书写我国深蓝乃至世界深蓝的奇迹默默奉献……

项目七　凸轮连杆齿轮齿条机构的拆装与调整

【学习目标】

（1）理解凸轮连杆齿轮齿条机构的组成与工作原理，并能判断和分析常见的故障。

（2）了解齿轮齿条的传动特点，掌握凸轮连杆齿轮齿条机构的正确拆装方法。

一、课前检查

整理队伍；组织考勤；把手机等贵重物品存放到指定位置。

二、课前准备

制定凸轮连杆齿轮齿条机构的拆装工艺流程；对照工（量）具清单，检查工具箱里的工（量）具是否齐全，并上报老师做好记录（工（量）具清单见附录）。

三、实习任务

（1）调挡，对凸轮连杆齿轮齿条机构进行空运转试验，理解其工作原理。

（2）按制定的工艺流程对凸轮连杆齿轮齿条机构进行拆装。

（3）对拆下来的零部件合理摆放，并作记录。

四、加油站（相关知识）

（一）凸轮连杆齿轮齿条机构的组成及工作原理

凸轮连杆齿轮齿条机构的组成如图 2-7-1 所示。

1. 组成

该机构由凸轮导杆副、曲柄连杆副、齿条齿轮副等机构组成。

2. 工作原理

动力由槽轮间歇机构通过联轴器提供，联轴器末端连着一个凸轮导杆机构，再通过曲柄连杆副拉动齿条，带动 1 轴和 2 轴齿轮系在齿条导轨上做往复运动，再由轴末端的齿轮啮合带动平行四杆运动，即动力输出端。

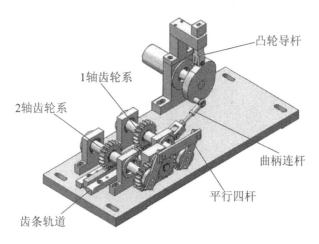

图 2 - 7 - 1　凸轮连杆齿轮齿条机构的组成

（二）齿轮齿条传动

1．原理

齿轮齿条传动可将齿轮的回转运动转化成齿条的直线往复运动，或将齿条的直线往复运动转化成齿轮的回转运动，如图 2 - 7 - 2 所示。

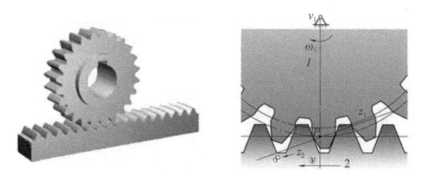

图 2 - 7 - 2　齿轮齿条机构

2．特点

齿轮分度圆的线速度，等于齿条的直线移动速度，不存在传动比。

（三）平行四杆机构

平行四杆机构是由两对杆件通过铰接而形成的一种机构，每对杆件的长度相同。选定其中一个杆件为机架，直接与机架链接的杆件称为连架杆，不直接与机架链接的杆件称为连杆，亦即由 1 个机架、2 根连架杆和 1 根连杆组成。当两个连架杆 1，3 在平面内做回转运动时，连杆 2 将做平面移动，该机构的运动简图如图 2 - 7 - 3 所示。

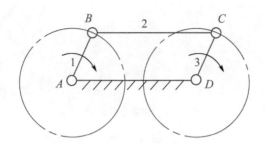

图2-7-3　平行四杆机构运动简图

AD—机架；1，3—连架杆；2—连杆

（四）凸轮机构

1. 概念

凸轮是具有曲线或曲面轮廓且作为高副元素的构件，含有凸轮的机构称为凸轮机构。主要由凸轮（主动件）、推杆（从动件）和机架三个构件组成。从动件靠重力或弹簧力与凸轮紧密接触，凸轮转动时，从动件做往复移动，如图2-7-4所示。

2. 特点

（1）能使从动件获得较复杂且准确的预期运动规律。

（2）凸轮轮廓与从动件的接触面积小，接触处压强大，易磨损，因而不能承受很大的负荷。

（3）凸轮是一个具有特定曲线轮廓的构件，轮廓精度要求高时需用数控机床进行加工。

图2-7-4　凸轮机构

五、实训步骤

（一）凸轮连杆齿轮齿条机构的拆卸步骤

（1）拆卸凸轮机构和联轴器，零件做好记录并摆放整齐，如图2-7-5所示。

图2-7-5　拆卸凸轮机构和联轴器

（2）拆卸齿条和平行四杆机构，如图2-7-6所示。

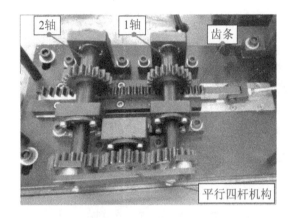

图2-7-6　拆卸齿条和平行四杆机构

（3）拆2轴端面齿轮和两个轴承压盖，然后用铜棒拆出后面的轴承，如图2-7-7所示。

图2-7-7　拆卸端面齿轮和轴承

（4）拆 2 轴后面的轴承座，然后用铜棒敲打轴端，拆出前面的轴承。1 轴的拆卸步骤和 2 轴的相同，如图 2 - 7 - 8 所示。

图 2 - 7 - 8 拆卸 2 轴的轴承座和轴承

（5）拆齿条的两条导轨，注意有 4 根定位销。利用卡簧钳将中间的惰轮拆卸下来，如图 2 - 7 - 9 所示（惰轮是传递两个互相不接触的齿轮，同时跟这两个齿轮啮合）。

图 2 - 7 - 9 拆卸齿条导轨和惰轮

（6）把拆下的零件摆放整齐，并做好记录，如图 2 - 7 - 10 所示。

图 2 – 7 – 10　齿轮齿条零部件的摆放

（二）凸轮连杆齿轮齿条机构的装配步骤

1. 齿条导轨的装配

（1）将齿条放到底板上，然后用两个导轨夹住齿条侧的凸导轨面，整体推到设计位置。

（2）用螺丝将导轨与底板初定位。

（3）调整齿条导轨位置，使导轨销孔对准底板的销孔，压入销钉，使齿条完全定位。

（4）旋紧螺丝，齿条安装完毕。

2. 双曲柄四杆机构的安装

（1）将已连接好的两个曲柄装入齿轮槽内，用螺钉预紧两个曲柄。

（2）微调整双曲柄四杆机构成平行四边形。

3. 两根主轴系安装

（1）将主轴上的零件齿轮和卡圈按顺序装入主轴。

（2）把轴承压入轴承座，用轴承压盖压紧轴承外圈。

（3）将已装好轴承和轴承压盖的轴承座与主轴装配。

（4）把轴承座安装到工作台，预紧轴承座螺钉，然后调整位置，使齿轮与齿条侧面重合，齿轮正确啮合齿条，移动灵活。

（5）把已经微调整成平行四边形的双曲柄四杆机构的齿轮压至主轴轴肩，用螺钉预紧主轴。

4. 惰轮安装

（1）把双联角接触轴承压入轴承座。

（2）把惰轮轴压入轴承，卡住外卡圈，用轴承压盖压紧轴承外圈。

（3）在惰轮轴上装平键、齿轮，卡住外卡圈。

（4）把轴承座安装到工作台上，预紧轴承座螺钉。

5. 凸轮机构安装

（1）把双联角接触轴承压入凸轮轴，卡住外卡圈。

（2）把双联角接触轴承连同凸轮轴一起压入轴承座，用轴承压盖压紧轴承外圈。

（3）在凸轮上安装轴套、螺栓、关节轴承。

（4）把凸轮压入凸轮轴，用螺钉预紧凸轮。

（5）在工作台上用螺钉预紧轴承座，用联轴器连接凸轮轴与槽轮机构的输出轴，保证其同轴度。

（6）安装正反牙连杆并调节至规定长度，连接齿条和凸轮，拧紧连杆上正反牙螺母。

至此，完成了凸轮连杆齿轮齿条机构的拆装与调整，此方法仅供参考。

六、注意事项

（1）平行四杆机构的销容易损坏，拆装的时候要格外小心。

（2）安装平行四杆机构时，保持其结构是平行向上的，否则在调试的时候会打到桌面。

七、考核评价

凸轮连杆齿轮齿条机构的拆装与调整评分标准见表 2-7-1。

表 2-7-1　凸轮连杆齿轮齿条机构的拆装与调整评分标准

序号	项　目	要　求	配分	得分
1	准备工作	准备工具、量具；制定凸轮连杆齿轮齿条机构的拆装工艺流程	12分	
2	拆卸过程	完成凸轮连杆齿轮齿条机构的整体拆卸，工具选用合理，步骤规范，不得野蛮操作	28分	
3	零部件摆放	拆卸的零部件摆放整齐有序，并做好记录	3分	
4	安装过程	完成凸轮连杆齿轮齿条机构的整体安装，工具选用合理，步骤规范，不得野蛮操作	28分	
5	凸轮机构	安装完整，运转顺畅无阻滞	5分	
6	平行四杆机构	安装完整，运转顺畅无阻滞	5分	
7	齿条机构	齿条滑动无阻滞	5分	
		齿条与导轨间隙均≤0.03mm	5分	
8	劳保用品穿戴	鞋子符合要求	2分	
		工装衣袖口穿戴符合要求		

续表

序号	项 目	要 求	配分	得分
9	工具、量具、检具	工具、量具、检具摆放整齐	2分	
		工具、量具、检具使用规范		
10	安全文明生产	周围人员及自身安全	3分	
		各防护、保险装置安装牢固		
		检查机器内是否有遗留物		
11	废油、废弃物处理	对使用过的废油处理符合要求	2分	
		废弃物处理符合要求		

八、课后作业

（1）凸轮连杆齿轮齿条机构由_____、_____、_____等机构组成，动力由_____通过联轴器提供。

（2）齿轮齿条传动可将齿轮的_____转化成齿条的_____，或将齿条的_____运动转化成齿轮的_____运动。

（3）在齿轮齿条传动中，齿轮分度圆的线速度_____齿条的直线移动速度，_____传动比。

（4）_____是由两对杆件通过铰接而形成的一种机构，每对杆件的长度_____。

（5）凸轮是具有_____轮廓且作为_____元素的构件，含有凸轮的机构称为凸轮机构。凸轮机构主要由_____、_____和_____三个构件组成。

九、工匠精神励志篇

打造工匠：现代学徒制如何"出师"——韩威

韩威选择到济南二机床集团有限公司工作，缘起一个鸡蛋。

时光转回到2012年春天，韩威本打算通过体育特招，免试进入心仪的大学。可是，就在参加体育测试的前几天，他胳膊受伤，希望落空。韩威心灰意冷。闲来无事，就上网打发时间。他

点开了一个济南二机床集团工人用车刀"车"蛋的视频：一个生鸡蛋，固定在机床架子上，车刀慢慢靠近，"呲——呲——"，车刀开始"车"鸡蛋。不一会，鸡蛋硬壳被环"车"了一圈，工人师傅用手小心翼翼地把鸡蛋尾部的硬壳掀掉，鸡蛋内的软膜却一点没破，包裹着的蛋清和蛋黄隐约可见。

韩威的眼睛发亮了，目不转睛看了好几遍。那几天，他多方打听可以到哪儿去学这样的技术。后来得知，济南职业学院有一个为济南二机床集团量身打造的技工班——数控机床机械安装与调试培训班。

不过，能不能学会学好，韩威心里还是打鼓。他知道，现在本科生找工作都难，读个职校，也不一定能学到真本事，毕业也可能失业。最终在父母"当不了白领干蓝领"的劝说下，韩威抱着试试看的心态，报考了这个班。即便进入学校，最初的担心仍萦绕在韩威心头。一年半以后，进入济南二机床集团实习，理论与实践碰撞，师傅带徒弟口传心授，手把手教，韩威很快成长起来了。

韩威如今已是济南二机床集团压力机及自动化公司滑块作业部一名一线工人。毕业一年间，他经常到一汽大众、长城汽车等汽车生产企业安装与调试冲压设备。"不能有一丝一毫的闪失，一些设备的调试甚至要百分之百精确，就像在车床上'车'鸡蛋一样，一不小心就会前功尽弃。"韩威俨然已是"一把老手"。

项目八 二维工作台的拆装与调整

【学习目标】

（1）理解二维工作台的构成与工作原理，并能判断和分析常见的故障。
（2）了解滚珠丝杠副的原理和特点，掌握二维工作台的正确拆装方法。

一、课前检查

整理队伍；组织考勤；把手机等贵重物品存放到指定位置。

二、课前准备

制定二维工作台的拆装工艺流程；对照工（量）具清单，检查工具箱里的工（量）具是否齐全，并上报老师做好记录（工（量）具清单见附录）。

三、实习任务

（1）调挡，对二维工作台进行试运行，理解二维工作台的工作原理。
（2）按制定的工艺流程对二维工作台机构进行拆装。
（3）对拆下来的零部件合理摆放，并作记录。

四、加油站（相关知识）

（一）二维工作台的构成
二维工作台的构成如图 2 - 8 - 1 所示。

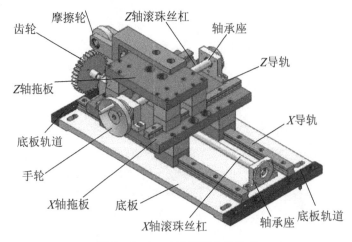

图 2 - 8 - 1 二维工作台的构成

（二）二维工作台的工作原理

二维工作台有 X 和 Z 两个轴向（左右移动的是 X 轴，前后移动的是 Z 轴），两个轴向都是由滚珠丝杠副与直线导轨控制的。滚珠丝杠副是将回转运动转化为直线运动，或将直线运动转化为回转运动的机构。

X 轴滚珠丝杠在齿轮啮合的驱动下可带动滑台左右移动，在 X 导轨的两端分别设有两个行程开关，用以确定滑台的行程。Z 轴向的导轨移动可通过摇动手轮来实现，从而带动摩擦轮的运动。

五、实训步骤

（一）二维工作台机构的拆卸步骤

（1）利用六角匙、铜棒和卡簧钳等工具拆卸摩擦轮机构，将拆下来的零件做好记录，并摆放整齐，如图 2-8-2 所示。

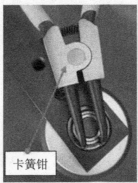

图 2-8-2 拆卸摩擦轮机构

（2）利用六角匙和活动扳手拆卸立杆机构，如图 2-8-3 所示。

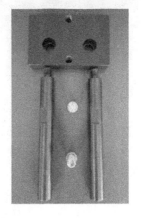

图 2-8-3 拆卸立杆机构

189

（3）拆卸 Z 轴拖板和拖板下的两条 Z 导轨，如图 2 - 8 - 4 所示（注意：不能把滚珠滑块移出 Z 导轨，否则里面的滚珠会脱落）。将拆下来的零件做好记录，并摆放整齐。

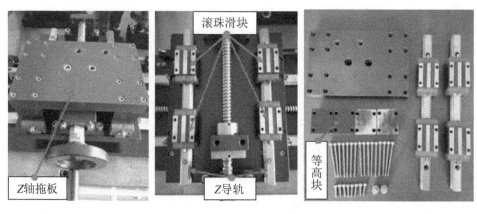

图 2 - 8 - 4　拆卸 Z 轴拖板和 Z 导轨

（4）拆卸 Z 轴滚珠丝杠机构，如图 2 - 8 - 5 所示（注意：不能把滚珠丝杆螺母移出滚珠丝杠，否则里面的滚珠会脱落）。将拆下来的零件做好记录，并摆放整齐。

图 2 - 8 - 5　拆卸 Z 轴滚珠丝杠机构

（5）拆卸 X 轴拖板和拖板下面的两条 X 导轨，如图 2 - 8 - 6 所示（注意：不能把滚珠滑块移出 X 导轨，否则里面的滚珠会脱落）。将拆下来的零件做好记录，并摆放整齐。

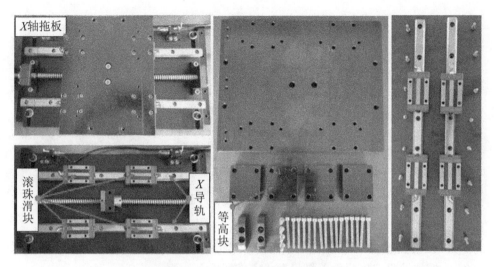

图2-8-6 拆卸X轴拖板和X导轨

（6）拆卸X轴滚珠丝杠机构，如图2-8-7所示。

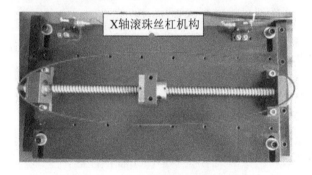

图2-8-7 拆卸X轴滚珠丝杠机构

①先拆掉机构上左右两个轴承座上的六角螺丝，将整个X轴滚珠丝杠机构取出放在工作台面上，如图2-8-8所示。

图2-8-8 取出X轴滚珠丝杠机构

②先拆卸机构上左边的齿轮，然后拆卸左右两个轴承座和轴承，如图2-8-9所示（注意：不能把滚珠丝杠螺母移出滚珠丝杠，否则里面的滚珠会脱

落）。把拆卸下来的零件做好记录，并摆放整齐。

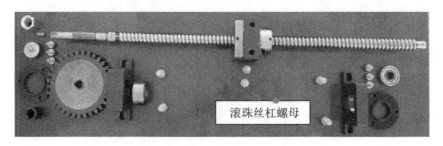

滚珠丝杠螺母

图2-8-9 拆卸齿轮、轴承座和轴承

（二）二维工作台机构的装配步骤

（1）安装 X 轴滚珠丝杠机构。

①按技术要求将两条 X 轴导轨固定在底板上。

②按顺序把两个轴承座、轴承和齿轮安装在 X 轴滚珠丝杠上。

③将已经安装好的 X 轴滚珠丝杠机构固定在底板上（注意：固定前需将 X 轴滚珠丝杠上的滚珠螺母旋转到大概中间的位置，以免在安装 X 轴拖板时螺丝孔对不齐）。

④将四个等高块分别对齐 X 导轨上的四个导轨滚珠滑块。

⑤将 X 轴拖板与导轨滚珠滑块和等高块连接在一起。

⑥通过手动试车观察 X 轴滚珠丝杠机构的移动情况，从而检测其安装是否合理。

（2）安装 Z 轴滚珠丝杠机构。

①按技术要求将两条 Z 轴导轨固定在 X 轴拖板上。

②按顺序把两个轴承座、轴承和手轮安装在 Z 轴滚珠丝杠上。

③将已经安装好的 Z 轴滚珠丝杠机构固定在 X 轴拖板上（注意：固定前需将 Z 轴滚珠丝杠上的滚珠螺母旋转到大概中间的位置，以免在安装 Z 轴拖板时螺丝孔对不齐）。

④将四个等高块分别对齐 Z 导轨上的四个导轨滚珠滑块。

⑤将 Z 轴拖板与导轨滚珠滑块和等高块连接在一起。

⑥通过手动试运行观察 Z 轴滚珠丝杠机构的移动情况，从而检测其安装是否合理。

（3）依次安装立杆和摩擦轮机构。

至此，完成了二维工作台机构的拆装与调整，此方法仅供参考。

六、注意事项

（1）在拆卸 X 导轨和 Z 导轨时，不能把滑块移出导轨，否则里面的滚珠会脱落。

（2）固定前 X 轴和 Z 轴滚珠丝杠时，需将滚珠丝杠上的滚珠螺母旋转到大概中间的位置，以免在安装拖板时螺丝孔对不齐。

七、考核评价

二维工作台机构的拆装与调整评分标准见表 $2-8-1$。

表 $2-8-1$ 二维工作台机构的拆装与调整评分标准

序号	项　目	要　求	配分	得分
1	准备工作	准备工具、量具；制定二维工作台机构的拆装工艺流程	10 分	
2	拆卸过程	完成二维工作台机构的整体拆卸，工具选用合理，步骤规范，不得野蛮操作	10 分	
3	零部件摆放	拆卸的零部件摆放整齐有序，并做好记录	2 分	
4	安装过程	完成二维工作台机构的整体安装，工具选用合理，步骤规范，不得野蛮操作	11 分	
5	X 轴导轨安装	1. 选择合适定位基准面安装 X 轴基准直线导轨，并接触可靠	5 分	
		2. 两根直线导轨的平行度允差≤0.02mm	5 分	
		3. 导轨螺丝锁紧可靠，锁紧力合适	2 分	
6	X 轴滚珠丝杠安装	1. 丝杠轴心线相对于基准 X 直线导轨的平行度（上母线、侧母线）允差≤0.02mm	5 分	
		2. 固定端预紧可靠	2 分	
		3. 安装完整，滚珠丝杠运转顺畅无阻滞	5 分	
7	Z 轴导轨安装	1. 选择合适的定位基准面安装 Z 轴基准直线导轨，并接触可靠	5 分	
		2. 两根直线导轨的平行度允差≤0.02mm	5 分	
		3. Z 轴直线导轨与 X 轴直线导轨的垂直度≤0.02mm/80mm	5 分	
		4. 导轨螺丝锁紧可靠，锁紧力合适	2 分	

续表

序号	项 目	要 求	配分	得分
8	Z轴滚珠丝杠安装	1. 丝杠轴心线相对于基准Z直线导轨的平行度（上母线、侧母线）允差≤0.02mm	5分	
		2. 固定端预紧可靠	2分	
		3. 安装完整、滚珠丝杠运转顺畅无阻滞	5分	
9	Z轴拖板	Z轴拖板的基准面与X轴拖板定位基准面的平行度≤0.02mm	5分	
10	劳保用品穿戴	鞋子符合要求；工装衣袖口穿戴符合要求	2分	
11	工具、量具、检具	工具、量具、检具摆放整齐	2分	
		工具、量具、检具使用规范		
12	安全文明生产	周围人员及自身安全	3分	
		各防护、保险装置安装牢固		
		检查机器内是否有遗留物		
13	废油、废弃物处理	对使用过的废油处理符合要求	2分	
		废弃物处理符合要求		

八、课后作业

（1）二维工作台有_____和_____两个轴向，左右移动的是_____，前后移动的是_____。

（2）二维工作台上的两个轴向都是由_____与_____控制的。

（3）滚珠丝杠副是将_____运动转化为_____运动，或将_____运动转化为_____运动的机构。

（4）X轴滚珠丝杠在_____啮合的驱动下可带动滑台_____移动，在X导轨的两端分别设有_____个行程开关，用以确定滑台的行程。

（5）Z轴向的导轨移动可通过摇动_____来实现，从而带动_____的运动。

九、工匠精神励志篇

自学成才的装配大师——王亮

　　1970 年出生的王亮是大连华锐重工集团安装公司的副总经理，他的工作就是为购买国产设备的客户进行安装，有时候一年中 10 个月的时间都在出差。略显黑糙的面庞就是他这些年在安装工地上留下的印记。从初中刚接触物理开始，他就对电气显示出浓厚的兴趣，成为一名电器工程师是他一直以来的愿望。高考失利后，为了兼顾家庭和自己的兴趣，他选择进入"大重"之高电工就读，1990 年毕业后他进入了工厂，成为一名电工。尽管从事的是自己喜欢的电气工作，但是没能进入大学系统学习始终是他心中的一根刺。所以王亮暗自给自己打气："理论知识对电工来说相当重要，就算成不了电气工程师，我也要成为最优秀的电工。"

　　大型机械的安装工人一年约有300天时间在祖国各地安装施工，而且多为露天作业，很少能抽出单独时间学习，王亮就利用乘车、乘船、乘机的时间和气象条件恶劣无法施工的时间看书学习。冬天，在采暖条件差、墙上挂着冰凌的驻地工棚里裹着被子读书；炎热的夏天，在江南水乡驻地为躲避蚊虫的叮咬钻进蚊帐里坚持学习。"最好的学习时间就是晚上了，能安安静静地看书。"为在夜间看书学习不影响别人休息，王亮特制了照明灯具，躲在被窝里悄悄弥补自己理论上的短板。每天晚上，当整个工地的灯光都熄灭，大多数工人都进入梦乡后，都能看到一盏孤零零的灯，在夜风中摇曳。这盏不时亮起的夜灯为王亮打下了坚实的理论基础，他很快成长为厂内的技术骨干。

第三部分

焊　接

安全文明生产

一、实习场室规章制度

（1）上、下课有秩序地进出生产实训场地，按规定摆放好个人物品。

（2）上课前穿好工作服，女同学戴好工作帽，辫子盘在工作帽内。

（3）不准穿背心、穿拖鞋、戴围巾、带食品进入生产实训场地。

（4）在实训课上要团结互助，遵守纪律，不准随便离开生产实训场地。

（5）在实训中要严格遵守安全操作规程，避免出现人身和设备事故。

（6）爱护工具、量具和生产实训场地的其他设备、设施。

（7）注意防火，注意安全用电，如果电气设备出现故障，应立即关闭电源，报告实训教师，不得擅自处理。

（8）搞好文明生产，保持工作位置的整齐和清洁。

（9）节约原材料，节约水电，节约油料和其他辅助材料。

（10）生产实训课结束后应认真清理工具、量具和其他附具，清扫工作地面，关闭电源。

二、实习工具管理制度和请假制度

（1）实习过程中故意损坏工具、量具以及刀具等设备，视情节作出赔偿。

（2）学生工具箱内工具要自行保管和保养，实习结束后必须做好工具的交接手续。如有遗失按价赔偿。

（3）偷窃别人的工具和车间工具直接交由学生科处理。

（4）请病假必须有校医证明和班主任批示。

（5）违反制度、迟到、早退、旷课1次各扣总成绩2分。

三、电焊工安全操作规程

（1）工作前应认真检查工具、设备是否完好，焊机的外壳是否可靠地接地。

（2）认真检查工作环境，确认为正常方可开始工作，施工前穿戴好劳动保护用品。敲焊渣、磨砂轮时戴好平光眼镜和口罩。焊工的工作服、手套、绝缘鞋应保持干燥。

（3）焊工在拉、合电源刀开关或接触带电物体时，必须单手进行。

（4）焊条头及焊后的焊件不能随便乱扔，要妥善管理，更不能扔在易燃、易爆物品的附近，以免发生火灾。

（5）焊工必须使用有电焊防护玻璃的面罩。面罩应该轻便、成形合适、耐热、不导电、不导热、不漏光。

（6）操作引弧时，焊工应该注意周围工人，以免强烈弧光伤害他人眼睛。

（7）合理使用工具、量具，轻拿轻放，工具要摆放整齐，电缆线要梳理齐整。

四、场室整理

按学校7S管理要求进行整理，如图3-0-1所示。

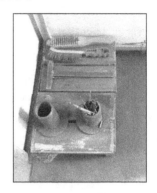

（a）保持场室的干净整洁

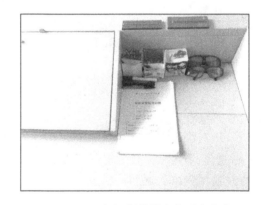

（b）按要求摆放清洁工具　　　　　　　（c）保持讲台的干净整洁

图3-0-1　按学校7S管理要求整理场室

项目一 引弧与运条

【 学习目标 】

(1) 掌握焊条电弧焊的操作姿势。
(2) 掌握焊条电弧焊的引弧操作基本方法。
(3) 掌握弧长控制及焊接速度调整技术。

一、课前检查

(1) 整理队伍；组织考勤；把手机等贵重物品存放到指定位置。
(2) 劳保用品穿戴规范且完好无损。
(3) 检查焊机、焊接电缆、焊钳、面罩等是否完好。

二、设备、工具、量具、材料准备

设备：BX1 – 315 型交流焊机。
工具：清渣锤、钢丝刷、面罩、牛皮手套、护目镜、粉笔。
量具：150mm 钢直尺。
材料：φ3.2 大西洋 J422 焊条（烘焙温度为 150℃，恒温 1 ～ 2 小时）、A3 钢板 200 × 100 × 8（长 × 宽 × 厚，mm）。

三、实习任务

(1) 操作姿势：采用蹲式焊接操作。
(2) 引弧练习。
按图 3 – 1 – 1 要求用粉笔画出焊缝位置线，调节焊接电流至 120A 左右，分别

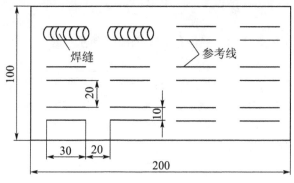

图 3 – 1 – 1 焊缝位置线

用擦法和击法引弧，引燃电弧后，维持弧长 2 ～ 4mm，用直线形运条法完成长度为 30mm 左右的焊缝，依次循环练习。重点学会熟练引弧和控制弧长，把握焊接速度。

思考：

（1）电流大小对引弧操作有什么影响？

（2）焊接速度对焊缝成形有什么影响？

四、加油站（相关知识）

焊接是一种不可拆卸的连接方法，是金属热加工方法之一。它是把同种或不同种材料（金属或非金属）通过加热或加压，或两者并用，用或不用填充材料，使焊件达到原子间结合，最终形成永久性连接的一种加工工艺方法。

（一）焊接的分类

按照焊接过程中金属所处的状态不同，可以把焊接方法分为熔焊、压焊和钎焊三类。

1. 熔焊

熔焊是在焊接过程中，将焊接接头加热至熔化状态，不加压完成焊接的方法。

2. 压焊

压焊是在焊接过程中，对焊件施加压力（加热或不加热）以完成焊接的方法。

3. 钎焊

钎焊是采用比母材熔点低的金属材料，将焊件和钎料加热至高于钎料熔点，低于母材熔点的温度，利用液态钎润湿母材，填充接头间隙，并使母材互相扩散而实现联接焊件的方法。

（二）电弧焊

1. 电弧

电弧是电在空气中流动引发气体放电产生的一种发光放热现象。

2. 电弧焊

电弧焊是指用电弧供给加热能量，使工件熔合在一起，达到原子间接合的焊接方法。

电弧焊是焊接方法中应用最为广泛的一种。据一些工业发达国家的统计，电弧焊在焊接生产总量中所占比例一般都在 60% 以上。根据其工艺特点不同，电弧焊可分为焊条电弧焊、埋弧焊、气体保护电弧焊和等离子弧焊等多种。

3. 四种常用的弧焊方式

（1）手弧焊：使用焊钳夹住焊条进行焊接的方法。

（2）氩弧焊：用工业钨或活性钨作不熔化电极、惰性气体氩气作保护气的焊接方法，简称 TIG。

（3）二氧化碳气体保护焊：用金属焊丝作为熔化电极、惰性气体（CO_2）作保护气的弧焊接方法，简称 MAG。

（4）埋弧焊：在颗粒助焊剂层下，利用焊丝与母材间电弧的热量，进行焊接的焊接方法。

（三）焊机与焊条

1. 焊机

焊机按电源分为直流弧焊机和交流弧焊机，本实习项目主要使用 BX1 - 315 交流弧焊机。交流弧焊机实质上是一种特殊的降压变压器，将 220V 和 380V 交流电变为低压的交流电，交流弧焊机即是输出电源种类为交流电源的电焊机。焊接变压器有自身的特点，就是在焊条引燃后电压急剧下降的特性，如图 3 - 1 - 2 所示。

2. 焊条

焊条是气焊或电焊时熔化填充在焊接工件的接合处的金属条。焊条的材料通常跟工件的材料相同。焊条由焊芯和药皮（涂层）组成，焊条中被药皮包覆的金属芯称为焊芯，如图 3 - 1 - 3 所示。

图 3 - 1 - 2 BX1 - 315 交流弧焊机　　　图 3 - 1 - 3 焊条

焊条按药皮的类型分为酸性焊条和碱性焊条，其特点对比如下：

（1）酸性焊条。

组成：酸性氧化物为主。

优点：具有良好的工艺性能，对油、水、锈不敏感。

缺点：氧化性强，合金元素烧损大，焊缝塑、韧性不高，氢含量高，抗裂性能差。

电源：交直流电源均可。

例如：E4303（J422），如图 3 - 1 - 4 所示。

（2）碱性焊条。

组成：碱性氧化物、萤石、铁合金。

优点：焊缝含氢量较低，有益元素多，焊缝力学性能和抗裂性好。

缺点：工艺性差，电弧稳定性差，对油、水、锈敏感，抗气孔性差。

电源：直流电源。

例如：E7015（J507），如图 3-1-5 所示。

图 3-1-4　酸性焊条　　　　　　　图 3-1-5　碱性焊条

（四）劳保用品和工具

1. 劳保用品

劳动防护用品（又称"个人防护用品"）是指劳动者在生产过程中为免遭或减轻事故伤害或职业危害所配备的一种防护性装备。防护用品严格保证质量，安全可靠，而且穿戴要舒适方便，经济耐用。如图 3-1-6 所示。

2. 常用工具

实习中常用的工具有工装夹具、角向打磨机、面罩、敲渣锤、钢丝刷等，如图 3-1-7所示。

图 3-1-6　劳保用品

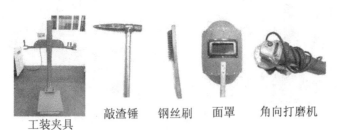

工装夹具　　敲渣锤　钢丝刷　面罩　角向打磨机

图 3-1-7　常用工具

（五）操作姿势

焊接时，常用蹲式操作，如图 3-1-8 所示。蹲姿要自然，保持身体平稳。

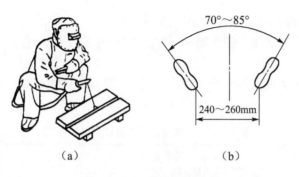

（a）　　　　　　　　　　　　（b）

图 3 – 1 – 8　焊接操作姿势

（六）引弧

引弧是焊接过程中较为频繁进行的动作，引弧的技术会直接影响到焊接质量，因此必须重视。

引弧时，焊条末端轻轻接触工件，然后迅速提起焊条，保持与工件间的距离为 2～4mm，从而引燃电弧。引弧的方法一般有以下两种：

1. 击法引弧

将焊条末端对准焊接位置，然后将手腕放下，轻微触碰焊件，随后迅速将焊条提起到 2～4mm，电弧引燃后立即使弧长保持在所需要的长度范围内，如图 3 – 1 –9所示。

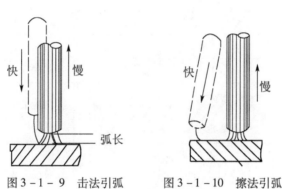

图 3 – 1 – 9　击法引弧　　　图 3 – 1 – 10　擦法引弧

2. 擦法引弧

这种方法类似于划火柴，先将焊条末端对准焊件，然后在焊件表面划擦一下，引燃电弧，并使焊条末端与工件表面距离保持在 2～4mm，如图 3 – 1 – 10 所示。

以上两种方法相比，擦法引弧较为容易掌握，不易粘条，适合初学者采用；引弧时，如果焊条和焊件粘在一起，只需要将焊条左右摇摆几下，便可脱离焊件。如果这时还不能摆脱，应立即松开焊钳，使焊条稍微冷却后再折下。注意：

焊条粘住焊件时间过长，会因短路而烧坏焊机。

击法引弧一般适用于酸性焊条，擦法引弧一般适用于碱性焊条。

（七）运条

运条方法的掌握直接影响焊缝的外观，初学者应注重正确的运条方法。

在生产实习中，运条的方法有很多种，常用的运条方法见表 3 – 1 – 1。

表 3 - 1 - 1　常用的运条方法及适用范围

运条方法		运条示意图	适用范围
直线形运条法			薄板对接平焊； 多层焊的第一层和多层多道焊
直线往返运条法		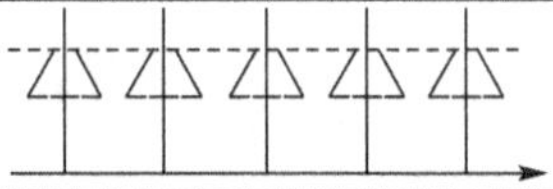	薄板焊； 对接平焊（间隙较大）
锯齿形运条法			对接接头平、立、仰焊； 角接接头立焊
月牙形运条法			管焊接； 对接接头平、立、仰焊； 角接接头立焊
三角形 运条法	斜三角形	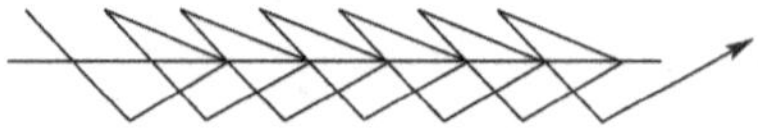	角接接头仰焊； 开 V 形坡口对接接头横焊
	正三角形	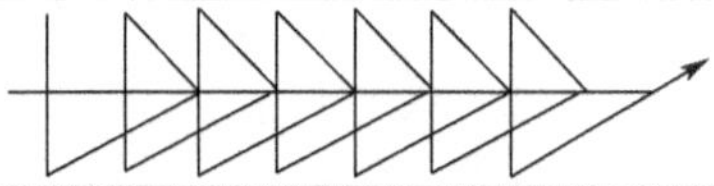	角接接头立焊； 对接接头
圆圈形 运条法	斜圆圈形	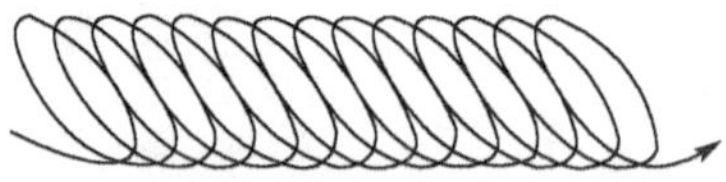	角接接头平、仰焊； 对接接头横焊
	正圆圈形	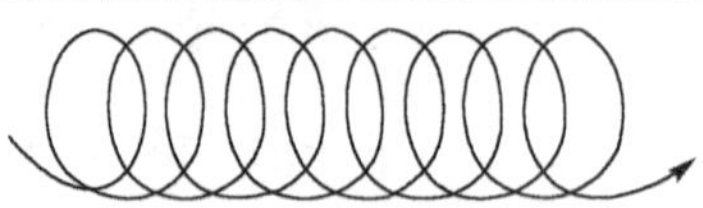	对接接头厚板件平焊

五、实习步骤

（1）试件清理。

用钢丝刷或锉刀清理工件表面锈迹及其他污物，如图 3 – 1 – 11 所示。

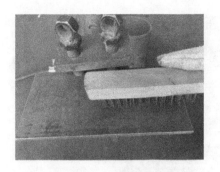

图 3 - 1 - 11　试件清理

（2）划线。

用石笔和钢直尺在工件上按要求划出参考线，如图 3 - 1 - 12 所示。

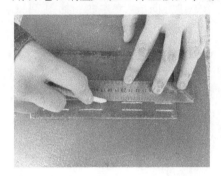

图 3 - 1 - 12　划线

（3）调节电流参数。

调节焊机电流参数至 120A 左右，准备焊接，如图 3 - 1 - 13 所示。

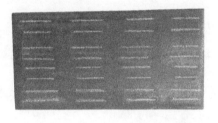

图 3 - 1 - 13　调节电流

（4）下蹲姿势。

身体呈下蹲，上半身稍向前倾，但不能伏靠在大腿上；双脚自然张开 75° 左右，脚后跟距离 250mm 左右，手臂不能放在两腿中间，右臂能自由运条，焊件放在人体正前方，靠身体近一点，如图 3 - 1 - 14 所示。

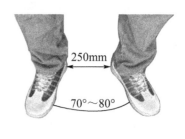

图 3 - 1 - 14　蹲姿

（5）焊钳握法。

夹好焊条，正确握住焊钳，焊条角度与焊接方向成 75°左右，如图 3 - 1 - 15 所示。

（6）引弧练习。

在试件参考线范围内，分别用擦法和击法进行引弧练习，注意引弧点的准确性，动作要果断，引燃后保持焊条正常燃烧，完成一小段焊缝焊接，反复练习，如图 3 - 1 - 16 所示。

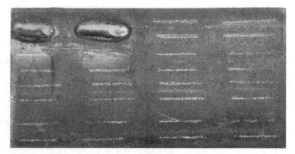

图 3 - 1 - 15　焊钳握法　　　　　　　图 3 - 1 - 16　引弧划线练习

六、注意事项

（1）焊接前注意正确穿戴好劳保用品。

（2）粘条时要马上摆动焊条，避免焊接时长时间出现短路现象。

（3）敲渣时应用面罩挡住，且要敲向没人的方向。

（4）焊条头不得随意乱丢，应放到相应位置并妥善保管。

（5）刚焊完的工件不能用手触摸，也不能乱放，避免烫伤。

（6）工作完毕必须切断电源，搞好卫生，摆放好所用工具。

七、考核评价

引弧与运条评分标准见表 3 - 1 - 2。

表 3 - 1 - 2 引弧与运条评分标准

序 号	项目要求	配 分	自 测	自 评	老师测	老师评
1	蹲姿	20 分				
2	电流的调节	10 分				
3	引弧点的准确性	20 分				
4	焊条与角度的控制	15 分				
5	焊接电弧长度的控制	15 分				
6	工位的清理	20 分				
7	安全文明生产	扣分项（10 分）				
			得分：		得分：	

八、课后作业

1～5 题为正误判断题，请在题后括号中打"√"或"×"；6～10 题为选择题。

（1）碱性焊条的飞溅主要产生在短路过程中，一般认为短路电流越大，飞溅越小。（　　）

（2）弧长对于焊条发尘量的影响很小。（　　）

（3）酸性渣比碱性渣有利于扩散脱氢。（　　）

（4）使用低氢焊条焊接时，应始终保持短弧和适当的焊接速度。（　　）

（5）在焊前装配时，先将焊件向与焊接变形相反的方向进行人为的变形，称为反变形法。（　　）

（6）酸性焊条熔焊时，抗气孔能力与碱性焊条相比（　　）。

　　A. 强　　　　　　　B. 弱　　　　　　　C. 很弱　　　　　　D. 相同

（7）当使用 E5015 焊条焊接时，如发现有较大的磁偏吹，最好通过（　　）来解决。

　　A. 改变电源极性　　　　　　　　B. 改变地线连接工件的部位
　　C. 提高焊接电流　　　　　　　　D. 增加电弧电压

（8）对接焊缝采用（　　），焊后产生变形最小。

　　A. V 形坡口　　　　　　　　　　B. X 形坡口
　　C. U 形坡口　　　　　　　　　　D. J 形坡口

（9）为了加强电弧自身调节作用，应该使用较大的（　　）。

    A. 焊接电流   B. 焊接速度

    C. 焊条直径   D. 电弧电压

（10）焊缝倾角为90°（立向上）、270°（立向下）的焊接位置是指（　　）。

    A. 平焊位置   B. 立焊位置

    C. 横焊位置   D. 仰焊位置

九、工匠精神励志篇

"金手天焊"是这样炼成的

北斗导航、嫦娥探月、载人航天、"长征五号"新一代运载火箭……提及这些令人耳熟能详的重大工程几乎无人不知，但它们却无一例外地与一个人产生了关联。他就是被称为焊接火箭心脏的"金手天焊"高凤林。他也是高凤林技能大师工作室的领头人、中国航天科技集团公司第一研究院211厂特种熔融焊接工、火箭发动机焊接车间班组长、国家高级技师。

说高凤林是"金手天焊"，不仅因为早期人们把比用金子还贵的氩气培养出来的焊工称为"金手"；还因为他焊接的对象十分金贵，是有火箭"心脏"之称的发动机；更因为他在火箭发动机焊接专业领域达到了常人难以企及的高度。

说起和航天的不解之缘，那是20世纪70年代初——刚迈出校门的高凤林走进了火箭发动机焊接车间氩弧焊组，跟随我国第一代氩弧焊工学习技艺。为了练好基本功，他吃饭时习惯拿筷子比画着焊接送丝的动作；喝水时习惯端着盛满水的缸子练稳定性；休息时举着铁块练耐力，更曾冒着高温观察铁水的流动规律……渐渐地，高凤林日益积攒的能量迸发出来。30多年过去了，和高凤林一起入厂的焊工都早已转岗了，他却仍战斗在焊接第一线。

项目二　平敷焊

【 学习目标 】

(1) 掌握平敷焊焊道的起头、接头、收尾的操作方法。
(2) 掌握焊条电弧焊操作的基本运条方法。
(3) 通过练习，学会区分熔池和熔渣。

一、课前检查

(1) 整理队伍；组织考勤；将手机等贵重物品妥善保管。
(2) 劳保用品穿戴规范且完好无损。
(3) 检查焊机、焊接电缆、焊钳、面罩等是否完好。

二、设备、工具、量具、材料准备

设备：BX1 - 315 型交流焊机。

工具：锉刀、清渣锤、钢丝刷、面罩、牛皮手套、护目镜、粉笔。

量具：150mm 钢直尺、焊缝尺。

材料：ϕ3.2 大西洋 J422 焊条（烘焙温度为 150℃，恒温 1 ~ 2 小时）、A3 钢板 200 × 150 × 8 （长 × 宽 × 厚，mm）。

三、实习任务

按图 3 - 2 - 1 要求用粉笔画出焊缝位置线，调节焊接电流至 120A 左右，每条

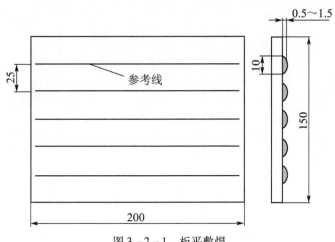

图 3 - 2 - 1　板平敷焊

焊缝分别运用不同的运条方法完成；要求在中点处灭弧，然后再次引弧并完成整条焊缝焊接，焊缝宽度 $10 \pm 2mm$，焊缝余高 $0.5 \sim 1.5\ mm$。

思考：

（1）焊缝纹路不细腻，粗糙不整齐，与什么有关？

（2）焊缝宽窄不一致，怎么保证？

四、加油站（相关知识）

（1）焊缝形式。焊缝就是焊件经焊接后所形成的结合部分。按在空间位置的不同可分为平、立、横、仰四种焊缝，如图 3 - 2 - 2 所示。

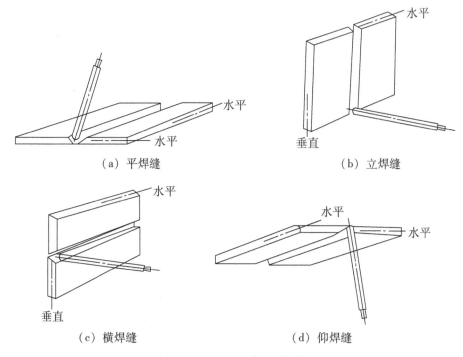

（a）平焊缝　　　　　　　　　　　（b）立焊缝

（c）横焊缝　　　　　　　　　　　（d）仰焊缝

图 3 - 2 - 2　空间位置的焊缝

（2）平敷焊的焊条角度如图 3 - 2 - 3 所示。

（3）焊缝的起头。焊缝的起头是焊缝的开始，由于焊件的温度较低，起头处容易出现缺陷，因此，引弧后应稍拉长电弧对工件先预热。起头时，应从距离始焊点 10mm 左右处引弧，然后回焊到始焊点（如图 3 - 2 - 4 所示），并压低电弧，进行正常焊接。

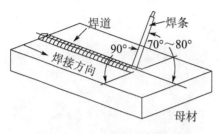

图 3 - 2 - 3　平敷焊的焊条角度

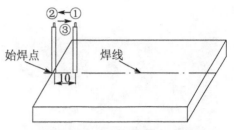

图 3 - 2 - 4　焊道起头操作示意图

（4）焊缝的收尾。焊缝结束时如果立即拉断电弧，会形成弧坑。弧坑会引起应力集中，降低焊缝质量，因此焊缝应进行收尾处理，常见的方法有画圈收尾法、断弧收尾法和回焊收尾法，如图 3 - 2 - 5 所示。

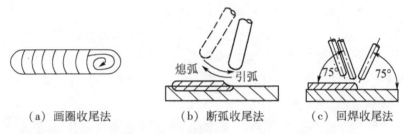

（a）画圈收尾法　　　（b）断弧收尾法　　　（c）回焊收尾法

图 3 - 2 - 5　常见的焊缝收尾方法

（5）焊缝的接头。在焊接时不可能总是一次连续焊完焊缝，因此会出现焊缝接头。接头的质量不仅会影响焊缝外观，还会影响接头的强度。焊缝的接头形式有以下 4 种，如图 3 - 2 - 6 所示。

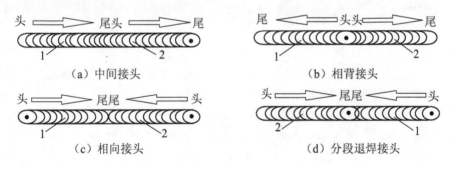

（a）中间接头　　　　　　　　　　　（b）相背接头

（c）相向接头　　　　　　　　　　　（d）分段退焊接头

图 3 - 2 - 6　焊缝的接头形式

五、实习步骤

（1）试件清理。用钢丝刷或锉刀清理工件表面锈迹及其他污物，如图 3 - 2 - 7 所示。

（2）划线。用石笔和钢直尺在工件上按要求划出参考线，如图 3 - 2 - 8

所示。

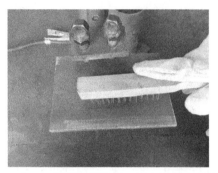

图 3-2-7　用钢丝刷清理工件表面锈迹或污物　　图 3-2-8　在工件上按要求划出参考线

（3）操作姿势。与项目一操作姿势（蹲姿）相同。

（4）焊道起头。焊条在始焊点前面 10mm 左右处引弧，如图 3-2-9 所示。

（5）运条。以焊缝参考线为运条轨迹，先采用直线运条法进行焊接，再分别运用不同运条方法进行练习，在中间处灭弧一次，如图 3-2-10 所示。

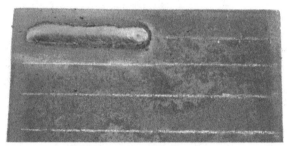

图 3-2-9　引弧　　　　　　　　　图 3-2-10　运条

（6）接头。从距离弧坑前 10mm 左右处再次引弧，回焊到弧坑处，填满弧坑，再进行正常焊接，如图 3-2-11 所示。

（7）收尾。焊到终点时，焊条在弧坑处用画圈收尾法进行收尾，填满弧坑；每条焊缝焊完后，清理熔渣，观察焊缝成形，如图 3-2-12 所示。分析焊接过程中产生的问题并总结经验，再进行另一道焊缝的焊接，并运用不同的收尾方法。

图 3 – 2 – 11　焊接接头

图 3 – 2 – 12　焊接收尾

六、注意事项

（1）焊接前注意正确穿戴好劳保用品。

（2）粘条时要马上摆动焊条，以免电路长时间短路而烧坏焊机。

（3）敲渣时应用面罩挡住，且要敲向没人的方向。

（4）焊条头不得随意乱丢，应放到相应位置并妥善保管。

（5）刚焊完的工件不能用手触摸，也不能乱放，避免烫伤。

（6）工作完毕必须切断电源，搞好卫生，摆放好所用工具。

七、考核评价

平敷焊的考核评分标准见表 3 – 2 – 1。

表 3 – 2 – 1　平敷焊的考核评分标准

序号	项目要求	配分	技术标准	自测	老师测	得分
1	焊缝宽度 10 ± 2mm	15 分	每超差 1 扣 5 分			
2	焊缝宽度差 ≤ 1mm	12 分	每超差 1 扣 4 分			
3	焊缝高度 0.5 ～ 1.5mm	15 分	每超差 1 扣 5 分			
4	焊缝高低差 ≤ 1mm	12 分	每超差 1 扣 4 分			
5	弧坑	10 分	饱满，否则每处扣 3 分			
6	接头	10 分	不脱节，不凸高，否则每处扣 3 分			
7	夹渣	10 分	无，若有每点扣 2 分，条渣扣 6 分			
8	气孔	8 分	无，否则每个扣 2 分			
9	电弧擦伤	8 分	无，否则每处扣 2 分			
10	安全文明生产	10 分	视情况扣分			
					得分：	

八、课后作业

1~5 题为判断题，请在题后的括号中打"√"或"×"；6~10 题为选择题。

（1）人是影响产品质量的唯一因素。（　　）

（2）适当减小焊缝尺寸，有利于减小焊接残余变形。（　　）

（3）可燃物质自燃点越高，火灾的危险性就越大。（　　）

（4）具有合格证的焊工，才有资格焊接各种材料。（　　）

（5）氧气瓶应直立使用，若卧放时应使减压器处于最高位置。（　　）

（6）在使用碱性焊条焊接时，一般采用（　　）法引弧。

    A. 高频　　　　　　B. 火焰　　　　　　C. 划擦　　　　　　D. 直击

（7）"内应力"的概念是（　　）。

    A. 在没有外力作用下，平衡于物体内部的应力

    B. 在没有外力作用下，平衡于物体内部的力

    C. 在外力作用下，平衡于物体内部的应力

    D. 在外力作用下，平衡于物体内部的力

（8）碱性焊条采用短弧操作时，可以保证电弧稳定燃烧和（　　）等。

    A. 防止夹渣　　　　　　　　　　B. 减少咬边

    C. 减少飞溅　　　　　　　　　　D. 防止烧穿

（9）一般焊条电弧焊的焊接电弧中（　　）区温度最高。

    A. 阴极区　　　　　　　　　　　B. 阳极区

    C. 弧柱　　　　　　　　　　　　D. 电子发射

（10）焊条电弧焊时的电弧电压主要是由（　　）来决定的。

    A. 药皮类型　　　　　　　　　　B. 焊接电流

    C. 电弧长度　　　　　　　　　　D. 焊条直径

九、工匠精神励志篇

大国工匠：59 岁"焊神"是怎样"炼"成的

    上海夏季高温飙至新高，局部气温高达39℃，而沪东中华造船厂的焊接工作室内，温度则比外面还要高近20度。此时，在业界有着"焊神"美誉的张翼飞正在与徒弟们研究自动化机械焊接设备，如果可以投产，可能成为船舶建造史上的一项革命性创新。

    1977 年，毕业于沪东造船厂技工学校的张翼飞被分配到沪东造船厂。回忆起刚接触造船厂的焊接工作时，现在的张翼飞都难以相信，自己竟会在温度高达

50～60℃的船体内坚持从事焊接工作28年。"那时船体内的温度高于外面的实时温度很多，所以每次焊接工作结束后与工友们坐在甲板上时，身体都会感觉到凉快。"这对于长期待在常温下的普通人来说，也许难以体会。

那时，在张翼飞所在的焊接"雄鹰"班里，谁焊体烧得漂亮，谁技术好，就会得到尊重。"我这个人自尊心很强，而且要面子，我把焊体烧得漂亮就感到很有面子。"张翼飞经常这样分析自己在工作中的性格。那时焊接环境很差，工作很苦，多数人因此而放弃，但是张翼飞却在焊接领域越走越远。他常讲，没有对焊接工作的兴趣和热爱可能坚持不到现在。

如今，做了几十年的师傅，张翼飞已先后带出过7名全国技术能手、6名省部级劳模、18位高级技师。从1995年到现在，张翼飞收获荣誉无数——"全国技术能手""中华技能大奖""上海市十佳工人标兵""全国劳动模范"等纷纷纳入囊中，并入选上海市第一批首席技师千人计划。

2010年，公司组建了以张翼飞名字命名的"张翼飞劳动模范焊接技术研究室"。目前，我国焊接领域与国外的差距在于日本工厂工人多数是复合型工种。面对差距，快要退休的张翼飞依然在不断学习。

项目三　Ｔ形接头平角焊

【学习目标】

（1）掌握Ｔ形接头平角焊单层焊、多层多道焊的操作方法。
（2）掌握Ｔ形接头平角焊的装配方法和焊接参数的选择。
（3）认识焊接缺陷——咬边，并知道如何避免咬边的产生。

一、课前检查

（1）整理队伍；组织考勤；将手机等贵重物品妥善保管。
（2）劳保用品穿戴规范且完好无损。
（3）检查焊机、焊接电缆、焊钳、面罩等是否完好。

二、设备、工具、量具、材料准备

设备：BX1－315型交流焊机。
工具：锉刀、角向打磨机、清渣锤、钢丝刷、面罩、牛皮手套、护目镜、粉笔。
量具：150mm钢直尺、焊缝尺。
材料：ϕ3.2大西洋J422焊条（烘焙温度为150℃，恒温1～2小时）、A3钢板150×60×10（长×宽×厚，mm）。

三、实习任务

按要求装配好两试件，对齐找正，成90°，不留间隙；角焊缝截面为等腰直角三角形；焊脚高度$K=8$mm，采用两层三道焊接，如图3－3－1所示。

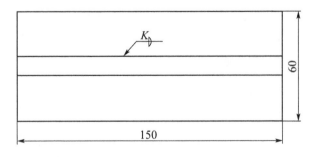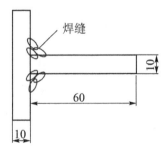

图3－3－1　Ｔ形接头平角焊

思考：

（1）平角焊容易产生咬边现象，应如何避免？

（2）多层多道焊缝容易下塌，怎么办？

四、加油站（相关知识）

（一）焊接接头的分类

焊接接头是焊接结构最基本的要素，一个焊接结构总是由若干个构件通过焊接接头连接而成的。焊接接头可分为对接接头、T 形接头、角接接头、搭接接头、端接接头等，如图 3 - 3 - 2 所示。

（a）对接接头　（b）T 形接头　（c）角接接头　（d）搭接接头

图 3 - 3 - 2　焊接接头

焊接结构中广泛应用 T 形接头、搭接接头和角接接头等接头形式，这些接头形成的焊缝叫角焊缝；平角焊是在角接焊缝倾角 0°或 180°、转角 45°或 135°的角接焊位置的焊接；焊接由不同厚度板装配的角焊缝时，也要相应调节焊条角度，使电弧偏向厚板一侧。

（二）平角焊的工艺参数

平角焊的工艺参数见表 3 - 3 - 1。

表 3 - 3 - 1　平角焊工艺参数

焊接层次	焊脚尺寸 /mm	焊条直径 /mm	焊接电流 /A	焊条角度
单层焊道	$K \leq 6$	3.2	110～130	45°
		4.0	160～180	

续表

焊接层次	焊脚尺寸 /mm	焊条直径 /mm	焊接电流 /A	焊条角度
二层二道	$6 \leqslant K \leqslant 10$	3.2	110～130	45°
		4.0	160～180	
二层三道		3.2	110～130	50°～55°　40°～50°
		4.0	160～180	
三层六道	$K > 10$	3.2	110～130	65°～75°　50°～55°
		4.0	160～180	

（三）相关专业术语

（1）焊趾：是指焊缝表面与母材的交界处，如图3-3-3所示。

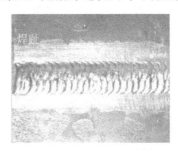

图3-3-3　焊趾

（2）角焊缝的焊脚尺寸（K）：是指焊缝根角至焊缝外边的尺寸。

（3）角焊缝凹度：是指角焊缝凹度凹形角焊缝横截面中，焊趾连线与焊缝表面之间的最大距离，如图3-3-4所示。

（4）咬边：是指由于焊接参数选择不当或操作方法不正确，沿焊趾的母材部位产生的沟槽或凹陷。咬边将减少母材的有效截面积，在咬边处可能引起应力集中，特别是低合金、高强钢的焊接，咬边的边缘组织被淬硬，易引起裂纹。如

图 3 - 3 - 5 所示。

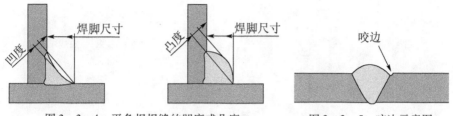

图 3 - 3 - 4 平角焊焊缝的凹度或凸度　　　　图 3 - 3 - 5 咬边示意图

（5）夹渣：铸件中内部或表面上存在的和集体金属成分不同的质点。一般由于操作不当而产生的缺陷，夹渣减少了焊缝的有效截面积，使焊缝疏松，从而降低了接头的强度，如图 3 - 3 - 6 所示。

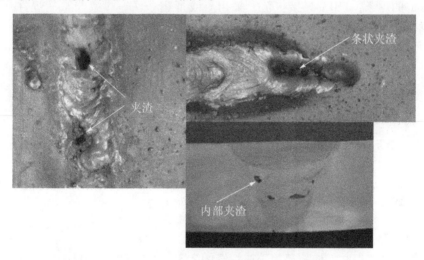

图 3 - 3 - 6 夹渣

五、实习步骤

（1）试件清理。

用角向打磨机清理试件表面油污、锈迹及其他污物，直至露出金属光泽，如图 3 - 3 - 7 所示。

（2）装配定位。

将试件组焊成 T 形接头，定位焊的位置在试件两端的对称处，焊缝长度为 10mm 左右，定位后用钢丝刷清理熔渣，如图 3 - 3 - 8 所示。

图 3 - 3 - 7　试件清理　　　　　　　　　图 3 - 3 - 8　装配定位

（3）第一道焊接。

本项目焊脚尺寸 $K = 8$mm，采用两层三道焊法。第一道焊接时，用直径 3.2mm 的焊条，110A 焊接电流，采用直线形运条法。焊条与水平焊件夹角为 40°左右，与焊接方向夹角为 75°左右，如图 3 - 3 - 9 所示。

图 3 - 3 - 9　第一道焊接

（4）第二道焊接。

焊接第二道时，应覆盖第一道焊缝的 2/3，焊条与水平焊件夹角为 50°左右，与焊接方向夹角为 75°左右，采用锯齿形或斜圆圈形运条法，如图 3 - 3 - 10 所示。

图 3 - 3 - 10　第二道焊接

（5）第三道焊接。

焊接第三道时，对第二道焊缝覆盖 1/3，并与母材上边缘熔合良好，焊条与水平焊件夹角为 40°左右，与焊接方向夹角为 75°左右，采用直线形运条法。注意焊接时要填满焊缝上边缘，以避免咬边产生。速度不能太慢，防止铁水下淌。最终整条焊缝应宽窄一致，平滑过渡，无咬边和夹渣等缺陷。如图 3 - 3 - 11 所示。

图 3 - 3 - 11　第三道焊接

六、注意事项

（1）装配时可用直角尺辅助，保证 T 形角度，采取适当措施以防焊接变形。

（2）焊接时注意观察熔池，避免产生咬边、夹渣等缺陷。

（3）注意焊条与焊接方向间的角度，角度太大熔渣会超前，易造成夹渣。

（4）运条时，在上边缘要稍作停留，否则容易产生咬边和焊缝下垂等缺陷。

（5）起头时要预热始焊端，避免焊瘤产生，接头处不能过高，收尾应填满弧坑。

（6）焊接每一道焊道前，要合理安排好焊道尺寸和位置，层与层之间要清理干净熔渣。

（7）角焊缝熔渣较难清理，敲渣时注意避免烫伤。

（8）工作完毕必须切断电源，搞好卫生，摆放好所用工具。

七、考核评价

T 形接头平角焊的考核评分方法见表 3 - 3 - 2。

表 3 - 3 - 2　T 形接头平角焊的考核评分

序号	项目要求	配分	技术标准	自测	老师测	得分
1	焊脚高度 8mm	20 分	每超差 1 扣 5 分			
2	焊缝高低差≤1mm	12 分	每超差 1 扣 4 分			

续表

序号	项目要求	配分	技术标准	自测	老师测	得分
3	弧坑	10 分	饱满，否则每处扣 3 分			
4	接头	10 分	不脱节，不凸高，否则每处扣 3 分			
5	夹渣	10 分	无，若有每点扣 2 分，条渣扣 6 分			
6	气孔	10 分	无，否则每个扣 2 分			
7	咬边	12 分	深 < 0.5mm，每 10mm 扣 4 分，深 > 0.5mm，每 10mm 扣 6 分			
8	焊件变形 ±1°	8 分	每超差 1 扣 2 分			
9	电弧擦伤	8 分	无，否则每处扣 2 分			
10	安全文明生产	10 分	视情况扣分			
					得分：	

八、课后作业

1～5 题为判断题，请在题后的括号中打 "√" 或 "×"；6～10 题为选择题。

（1）焊接光辐射不仅会危害焊工的眼睛，还会危害焊工的皮肤。（　　）

（2）只有单面角焊缝的 T 形接头，其承载能力较低。（　　）

（3）焊条电弧焊的焊接规范参数一般包括焊条直径、焊接电流、电弧电压、焊接速度和焊接层道数等。（　　）

（4）焊缝表面两焊趾之间的距离称为焊缝宽度。（　　）

（5）提高 T 形接头疲劳强度的根本措施是开坡口焊接和打磨焊缝与母材表面过渡区，使之圆滑过渡。（　　）

（6）在下列焊接缺陷中，对脆性断裂影响最大的是（　　）。

    A. 咬边　　　　　　　　　　　　　B. 圆形夹渣

    C. 圆形气孔　　　　　　　　　　　D. 圆形夹杂

（7）两焊件部分重叠构成的接头称为（　　）。

    A. 对接接头　　　　　　　　　　　B. 端接接头

    C. 搭接接头　　　　　　　　　　　D. 角接接头

（8）一般要求焊接工作场所附近（　　）m 以内不得放置易燃物品。

    A. 3　　　　　　　B. 4　　　　　　　C. 5　　　　　　　D. 10

（9）碱性焊条焊缝金属的综合力学性能与酸性焊条相比，（　　）。

    A. 碱性焊条好　　　　　　　　　B. 碱性焊条差

    C. 两者相同　　　　　　　　　　D. 酸性焊条好

（10）焊条电弧焊时，焊接电源的种类应根据（　　）进行选择。

    A. 焊条直径　　　B. 焊件厚度　　　C. 焊条药皮类型　　　D. 母材

九、工匠精神励志篇

卢仁峰：单掌举焊枪　焊接坦克陆战王

一辆坦克的车体由数百块装甲钢板焊接而成，如果焊缝不牢，它们就会成为最容易被撕裂的开口。很大程度上可以说，焊接质量是坦克装甲强度的重要保障。作为厂里技术最好的焊接工人，卢仁峰专门负责焊接驾驶舱，这是坦克上最关键也是最复杂的部位。焊接这种复杂的异型结构，在国际坦克生产过程中也是一道难题。卢仁峰解决这个难题的答案是，一直交出百分之百合格的产品，而这些产品是他靠一只手完成操作的。

20多岁时，卢仁峰就已经是厂里的技术骨干，属于重点培养的技术尖子。1986年，一场事故让卢仁峰的左手遭受重创。被切去的左手虽然勉强接上了，但已经完全丧失功能。可是，卢仁峰却做出了一个出乎大家意料的决定：他要继续做焊接工作。那段日子，卢仁峰泡在车间，顽强坚持练习，愣是靠给自己量身定做的手套和牙咬焊帽这些办法，用单手代替双手，恢复了焊接技术。

为了提高单手的焊接技艺，他给自己定下了守恒任务：每天下班后焊完50根焊条再回家。从那时起，夜晚的车间里就常年有了卢仁峰的身影。每天50根焊条，5年的时间，他不仅恢复了过去的焊接水平，而且再次成为厂里的焊接技术领军人物。

项目四　V形坡口板平对接单面焊双面成形

【学习目标】

（1）掌握 V 形坡口板平对接单面焊双面成形的装配方法和焊接要领。

（2）理解单面焊双面成形的要求和工艺方法。

（3）掌握 V 形坡口板平对接单面焊的断弧焊打底操作技巧。

一、课前检查

（1）整理队伍；组织考勤；将手机等贵重物品妥善保管。

（2）劳保用品穿戴规范且完好无损。

（3）检查焊机、焊接电缆、焊钳、面罩等是否完好。

二、设备、工具、量具、材料准备

设备：BX1 - 315 型交流焊机、多功能夹具。

工具：锉刀、角向打磨机、清渣锤、钢丝刷、面罩、牛皮手套、护目镜、粉笔。

量具：150mm 钢直尺、焊缝尺。

材料：$\phi 2.5$、$\phi 3.2$ 大西洋 J422 焊条（烘焙温度为 150℃，恒温 1 ～ 2 小时），A3 钢板 $250 \times 125 \times 8$（长×宽×厚，mm）。

三、实习任务

按要求装配好两试件，试件根部间隙 $b = 3 \sim 4$mm，钝边 $p = 0.5 \sim 1$mm，焊前反变形量 3°，错边量小于 1mm，采用三层焊道焊接（打底、填充、盖面），如图 3 - 4 - 1 所示。

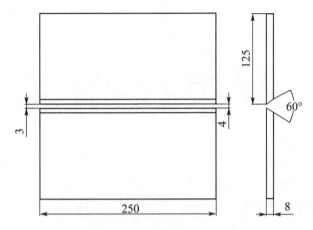

图 3 - 4 - 1　V 形坡口板平对接

思考：

（1）打底焊时，如何判断背面的成形情况？

（2）电流大小对焊缝表面成形有什么影响？

四、加油站（相关知识）

单面焊双面成形就是在一面焊接、另一面焊缝也能够成形良好的焊接方法，是焊工所需要掌握的最基本的技能。一般板厚在 6mm 以下，可以不开坡口；6mm 以上板厚时，为了焊透根部，要根据实际板厚开相应的坡口。以 8mm 板厚为例，开 30°V 形坡口，焊接参数的选择见表 3 - 4 - 1。

表 3 - 4 - 1　V 形坡口板对接平焊参数

焊接层次	焊条直径/mm	焊接电流/A	运条方法
打底层	2.5	85 ~ 100	单点击穿断弧法
填充层	3.2	110 ~ 130	锯齿形运条法
盖面层	3.2	100 ~ 120	锯齿形运条法

1. 断弧焊打底

断弧焊又称灭弧焊，是依靠电弧时燃时灭的时间长短来控制熔池的温度，以获得良好的背面成形，易于掌握。难点在于观察熔池和控制熔孔的大小（熔孔大小超出根部间隙 0.5 ~ 1mm）。焊接时通过听声音来判断是否击穿试件根部，会伴随"噗噗"声，此时要快速提起焊条灭弧，待熔池稍暗，继续在熔孔处引弧，

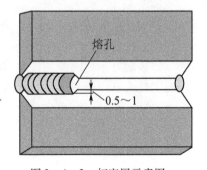

图 3 - 4 - 2　打底层示意图

使电弧的 2/3 压住熔池, 1/3 在熔池前方, 用于熔化和击穿前方坡口根部形成新熔池, 如此反复。如图 3 - 4 - 2 所示。

2. 填充层焊接

填充前应对前一层焊缝仔细清渣, 运条方法为锯齿形, 摆动到坡口两边应稍作停留。填充层焊缝高度应低于母材坡口棱边 1mm 左右, 焊缝表面需平整, 为盖面层做准备。

3. 盖面层焊接

盖面层焊接电流应比填充层小一些, 控制熔池形状和大小保持均匀一致。盖面层焊接比较重要, 直接影响焊缝外观和质量, 用锯齿形运条法, 摆动到两边稍作停留以避免咬边产生, 熔池边缘不得超过母材棱边 2mm, 焊缝应平滑过渡。

五、实习步骤

(1) 试件清理。

用角向打磨机清理试件坡口正反面两侧各 20mm 范围内的油污、锈迹及其他污物, 直至露出金属光泽, 如图 3 - 4 - 3 所示。

图 3 - 4 - 3　试件清理

(2) 装配。

始焊端装配间隙为 3mm, 终焊端装配间隙为 4mm, 如图 3 - 4 - 4 所示。

(3) 定位。

将装配好固定间隙的试件进行固定, 在距离试件两端 15mm 以内的坡口面内进行定位焊, 焊缝长度 10mm 左右。始焊端可以少焊, 终焊端应多焊些, 如图 3 - 4 - 5 所示。

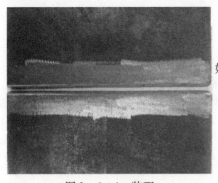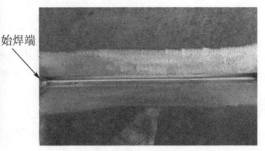

始焊端

图3-4-4 装配　　　　　图3-4-5 定位

（4）反变形。

由于热胀冷缩，焊后试件会相应变形，因此焊前应预留反变形量为3°，如图3-4-6所示。

3°

图3-4-6 反变形

（5）打底层焊接。

打底层焊接的目的是背面成形。焊条与试件垂直方向夹角为90°，水平方向为75°左右，在始焊端的定位焊缝处引弧，焊至定位焊缝尾部时，下压焊条，听到"噗噗"声后，立即灭弧，待熔池稍变暗些，继续在熔孔处引弧。注意位置要准确，眼和手要熟练配合，学会听不同声音相对应背面成形的效果。如图3-4-7所示。

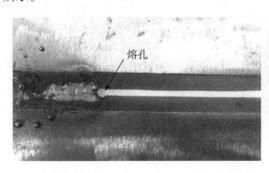

熔孔

正面示意图

背面示意图

图 3 - 4 - 7　打底层焊接

（6）填充层焊接。

填充层分一层或两层焊接，填充前要彻底清理打底层的熔渣，特别是坡口面，避免夹渣产生。用锯齿形运条法，焊条角度同打底层焊接，焊条摆到两边要稍作停留，保证熔深，填充完成后焊缝高度应与坡口棱边距离 1mm 左右，如图 3 - 4 - 8 所示。

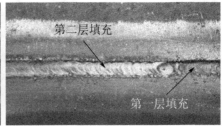

图 3 - 4 - 8　填充层焊接

（7）盖面层焊接。

盖面焊较为重要，直接影响到焊缝的外观和质量，手法要均匀。盖面焊时用圆圈或锯齿形运条法，焊接电流应稍小些，焊条角度同打底层焊接，注意两边要稍作停留，与坡口边缘熔合良好，保证焊缝宽度和高度，最后使焊缝平滑过渡。如图 3 - 4 - 9 所示。

图 3 - 4 - 9　盖面层焊接

六、注意事项

（1）装配时要注意合适的装配间隙和反变形量。

（2）打底层焊接时，要注意听声音，击穿根部；要随时观察熔池和控制熔孔大小，避免烧穿，保证焊缝背面成形良好。

（3）打底层和填充层的熔渣要清理干净，避免夹渣等缺陷产生。

（4）其他注意事项同项目三。

七、考核评价

V 形坡口板平对接单面焊双面成形考核评分方法见表 3 - 4 - 2。

表 3 - 4 - 2 V 形坡口板平对接单面焊双面成形考核评分方法

外观	检查项目	焊缝等级标准及配分				实测	得分
		I	II	III	IV		
正面	焊缝高度	0 ～ 2mm	>2mm，≤3mm	>3mm，≤4mm	>4mm，<0		
		10 分	7 分	4 分	0 分		
	高低差	≤1mm	>1mm，≤2mm	>2mm，≤3mm	>3mm		
		8 分	6 分	4 分	0 分		
	焊缝宽度	10 ～ 15mm	>1mm，≤16mm	>16mm，≤17mm	>17mm		
		10 分	7 分	4 分	0 分		
	宽窄差	≤1mm	>1mm，≤2mm	>2mm，≤3mm	>3mm		
		8 分	6 分	4 分	0 分		
	咬边	0	0 < 深度 ≤0.5mm 且 长度≤30mm	0.5 < 深度 ≤1mm 且 长度≤10mm	深度 >1mm		
		10 分	7 分	4 分	0 分		
	错边量	0	≤0.5mm	>0.5mm，≤1mm	>1mm		
		6 分	4 分	2 分	0 分		
	角变形	0 ～ 1mm	>1mm，≤3mm	>3mm，≤5mm	>5mm		
		6 分	4 分	2 分	0 分		

续表

外观	检查项目	焊缝等级标准及配分				实测	得分
		Ⅰ	Ⅱ	Ⅲ	Ⅳ		
正面	表面成形	成形美观，鱼鳞均匀细密，焊缝平整	成形较好，鱼鳞均匀，焊缝平直	成形尚可，焊缝平直	焊缝弯曲，紊乱，表面有明显缺陷		
		10分	7分	4分	0分		
反面	焊缝高度	0～3mm		>3mm			
		5分		0分			
	咬边	无咬边，5分		有咬边，一处扣2分			
	气孔	无气孔，5分		有气孔，一个扣2分			
	表面成形	优	良	中	差		
		6分	4分	2分	0分		
	未焊透	无未焊透，5分；有未焊透，视情况扣分					
	凹陷	无内凹6分；深度≤0.5mm，每2mm扣1分；深度>0.5mm，0分					
安全文明生产		合格10分		违反操作规程，视情况扣分			
					总分		

八、课后作业

1～5题为正误判断题，请在题后括号中打"√"或"×"；6～10题为选择题。

（1）焊条电弧焊多层多道焊时有利于提高焊缝金属的塑性和韧性。（　　　）

（2）电弧是一种空气燃烧的现象。（　　　）

（3）所有焊接接头中，以对接接头的应力集中最小。（　　　）

（4）在焊前装配时，先将焊件向与焊接变形相反的方向进行人为的变形，称为反变形法。（　　　）

（5）通常碱性焊条的烘干温度是100～150℃。（　　　）

（6）焊接时接头根部未完全熔透的现象称为（　　　）。

　　A. 未熔合　　　　　B. 未焊透　　　　　C. 未焊满　　　　　D. 凹坑

（7）对接焊缝采用（　　　），焊后产生变形最小。

　　A. V形坡口　　　　　　　　　　　　　　B. X形坡口

　　C. U形坡口　　　　　　　　　　　　　　D. J形坡口

（8）焊接接头弯曲试验的目的是检查接头的（　　　）。

A. 强度　　　　　B. 塑性　　　　　C. 韧性　　　　　D. 硬度

（9）焊工通过专业基本知识和操作技能的考试合格并取得焊接（　　）合格证，叫资格认可。

A. 工作范围　　　B. 相应范围　　　C. 范围　　　　　D. 操作

（10）焊条电弧焊焊接薄板的主要困难是容易（　　）、变形较大及焊缝成形不良。

A. 未焊透　　　　B. 根部熔合不良　C. 烧穿　　　　　D. 咬边

九、工匠精神励志篇

大国工匠：　导弹精细焊接大师王锋

将多个直径 4mm（手机充电线大小）、壁厚只有 0.5mm、不同弯曲形状、易变形的不锈钢管路焊接在一起，焊缝要求达到航天一级焊缝标准（高于国家标准），并且控制变形，让直径 2mm 的钢球顺利通过，这是什么水平？

这就是 80 后焊接大师王锋的绝活。为导弹各种复杂零部组件进行天衣无缝的"缝合"，完成后的产品还要耐高压、耐腐蚀、气密合格，难度不亚于外科医生缝合血管、皮肤。凭借钻研精神和过硬技术，某项以往成功率仅 30% 的焊接难题，在他手中成功率达 100%。

作为 283 厂的焊接大师和高级技师，王锋精于氩弧焊技术，长于复杂零件高难度焊接任务。15 年来，他几乎参与了二院所有型号的焊接任务。在研制型号的一次次复杂、高难度的焊接攻关中，王锋锻炼成为车间手工焊的"第一把焊枪"。

王锋不仅在国内名噪一时，他还在国际焊接大赛上展示了中国真功夫，为国家争了光、添了彩。2013 年 8 月，乌克兰第十届国际焊接大赛在黑海明珠教德萨市如期举行。本届大赛会聚了来自中国、乌克兰、白俄罗斯、俄罗斯、保加利亚、捷克 6 个国家 64 名顶尖选手，最终，凭借扎实的基本功和稳定的发挥，摘得亚军的王锋展示出了中国技能工人高超的焊接水平。当王锋登上领奖台时，在场的国外选手高喊着："麻辣鸡丝，麻辣鸡丝！"俄语译为："好样的，好样的！"叫好声表达了国外选手对这位中国选手高超技术的赞美之情。

附 录

1. 工具清单（检查数量、名称、型号及规格）

序号	名　称	型号及规格	数量	备注
1	工具箱	430mm×230mm×200mm	1个	
2	台虎钳	QT125	1台	
3	划线平板	300mm×300mm	1块	
4	活扳手	16″、12″、10″、8″、6″、4″	各1把	
5	螺丝刀（十字）	6″、3″、2″	各1个	
6	螺丝刀（一字）	6″、3″、2″	各1个	
7	六角匙	1.5、2.0、2.5、3.0、4.0、5.0、6.0、8.0、10.0	1套	
8	套筒（轴套）	$\phi24×150mm$、$\phi17×150mm$	各1条	
9	铜棒	$\phi22×150mm$	1条	
10	卡簧钳	弯外，6″，150mm	1把	
11	三爪拉马	150mm	1个	
12	电工锤	小号	1把	
13	尖嘴钳	6″	1把	
14	砂纸	4#	1张	
15	整形锉	5mm×180mm	1套	
16	油壶、黄油		各1瓶	

2. 量具清单

序号	名　称	型号及规格	数量	备注
1	普通游标卡尺	测量范围：0～300mm，分度值：0.02mm	1把	
2	深度游标卡尺	测量范围：0～200mm，分度值：0.02mm	1把	
3	杠杆式百分表	0.8×0.01mm	1个	
4	磁性表座	大、小各1个	2个	
5	千分尺	0～25mm	1把	

序号	名　称	型号及规格	数量	备注
6	百分表	测量范围：0～10mm	1个	
7	直角尺	200mm×130mm	1把	
8	钢直尺	500mm	1把	

参考答案

第一部分　钳工

项目一

（1）平面　立体　单　　（2）B　　（3）C

（4）①确定工件上各加工面的加工位置和加工余量。②可全面检查毛坯的形状和尺寸是否符合图样，能否满足加工要求。③在毛坯料上出现某些缺陷的情况下，往往可通过划线时的"借料"方法来达到可能的补救。④在板料上按划线下料，可做到正确排料，合理使用材料。

项目二

（1）0.01　0.8

（2）碳素工具钢　普通　特种　整形

（3）平　方　三角　半圆　圆

（4）碳素工具钢　62～72

（5）长短　粗细

项目三

（1）D　　（2）C　　（3）A　　（4）B　　（5）D

项目四

（1）A　　（2）D　　（3）C　　（4）D　　（5）A

项目五

（1）工量具要轻拿轻放，防止磨损，使用后放回原处。

（2）两平行平面，两组相互垂直的平行平面和圆柱

项目六

（1）B　　（2）A　　（3）A　　（4）D　　（5）粗　0.2

（6）25.4　300

项目七

(1) A   (2) C   (3) B   (4) C   (5) 远 近   (6) B

项目八

(1) B   (2) B   (3) B   (4) A

项目九

(1) 粗加工是以快速切除毛坯余量为目的，在粗加工时应选用大的锉削力，以便在较短的时间内切除尽可能多的切屑，粗加工对表面质量的要求不高。

精加工主要是保证表面结构和控制尺寸精度。

(2) 上偏差：+0.02，公差：0.04，下极限尺寸：99.98，基本尺寸：100

项目十

(1) C   (2) B   (3) B   (4) A

项目十一

(1) A   (2) C   (3) B   (4) C   (5) A   (6) C
(7) D   (8) B   (9) D

项目十二

(1) 顺向锉 交叉锉 推锉
(2) 细齿
(3) 水平直线
(4) 纵向 横向 对角线
(5) 近起锯 远起锯 远起锯 要小 15°

项目十三

(1) 寿命 较小
(2) 切削速度 进给量 切削深度
(3) 高速钢 62～68 柄部 颈部 工作部分 锥 直
(4) 钻头安装在钻床主轴上做旋转运动 钻头沿轴线方向移动

项目十四

(1) 平台上
(2) 保养

（3）紧固螺纹　传动螺纹　紧密螺纹

（4）螺纹大径

项目十五

（1）平锉（扁锉）　方锉　三角锉　半圆锉　圆锉

（2）40/min

（3）平面划线　立体划线

（4）0.1mm　0.05mm　0.02mm

（5）长度　厚度　外径　内径　孔深　中心距离

项目十六

（1）B　　（2）A　　（3）B　　（4）B　　（5）D　　（6）B

（7）A　　（8）B　　（9）D　　（10）B　　（11）A　　（12）D

（13）A

项目十七

（1）D　　（2）A　　（3）D　　（4）D　　（5）B

项目十八

（1）A　　（2）C　　（3）D　　（4）A　　（5）C　　（6）D

（7）A　　（8）C

项目十九

（1）B　　（2）A　　（3）C　　（4）C

第二部分　机械传动

项目一

（1）B　　（2）C　A　　（3）B　C　　（4）C　　（5）C

项目二

（1）A　C　B　　（2）C　A　　（3）A

（4）同步带轮　同步带　横向齿　啮合

（5）轴　轴承　滑动轴承　滚动轴承

（6）外圈　内圈　滚动体　保持架　润滑剂

（7）周向　平键　半圆键　花键

项目三

（1）C　D　　（2）B　D
（3）链轮　锥齿轮　圆柱齿轮　链轮　锥齿轮　圆柱齿轮
（4）主动链轮　从动链轮　传动链　齿形链　滚子链　滚子链

项目四

（1）三　两　圆柱　圆锥　圆锥齿轮　圆锥齿轮　输出轴
（2）圆锥齿轮动力分配器
（3）输入轴　输出轴

项目五

（1）蜗轮蜗杆　槽轮机构　间歇摩擦轮　齿轮啮合
（2）主动销轮　从动槽轮　机架
（3）交错轴之间　90°　蜗杆　蜗轮
（4）联轴器　回转
（5）圆柱销　圆锥销　开口销

项目六

（1）上模座　下模座　导套　导柱　凸模　凹模　弹簧
（2）槽轮间歇机构
（3）凸轮导杆机构
（4）最高点　最低点
（5）拉伸　压缩

项目七

（1）凸轮导杆副　曲柄连杆副　齿条齿轮副　槽轮间歇机构
（2）回转运动　直线往复运动　直线往复　回转
（3）等于　不存在
（4）平行四杆机构　相同
（5）曲线或曲面　高副　凸轮　推杆　机架

项目八

（1）X　Z　X轴　Z轴
（2）滚珠丝杠副　直线导轨
（3）回转　直线　直线　回转

（4）齿轮　左右　两个
（5）手轮　摩擦轮

第三部分　焊接

项目一

（1）×　　（2）×　　（3）√　　（4）√　　（5）√　　（6）A
（7）B　　（8）B　　（9）A　　（10）B

项目二

（1）×　　（2）√　　（3）×　　（4）×　　（5）√　　（6）C
（7）A　　（8）C　　（9）C　　（10）C

项目三

（1）√　　（2）√　　（3）√　　（4）√　　（5）√　　（6）A
（7）C　　（8）D　　（9）A　　（10）C

项目四

（1）√　　（2）×　　（3）√　　（4）√　　（5）×　　（6）B
（7）B　　（8）B　　（9）B　　（10）C

参 考 文 献

［1］姜波任. 钳工工艺学［M］. 5 版. 北京：中国劳动社会出版社，2014.

［2］戴国东. 钳工技能训练［M］. 5 版. 北京：中国劳动社会出版社，2014.

［3］孙大俊. 机械基础［M］. 4 版. 北京：中国劳动社会保障出版社，2007.

［4］王玉林. 机械知识［M］. 5 版. 北京：中国劳动社会保障出版社，2014.

［5］浙江亚龙教育装备股份有限公司. 亚龙 YL–237 型机械装调技术综合实训考核装置实训指导书.

［6］冯明河，米光明. 焊工技能训练［M］. 4 版. 北京：中国劳动社会保障出版社，2014.

［7］郝建军，马璐萍，刘洪杰. 焊条电弧焊工艺与实训［M］. 北京：北京理工大学出版社，2011.